環境破壊図鑑

【ぼくたちがつくる地球の未来】

藤原幸一
Fujiwara Koichi

ポプラ社

序文にかえて
高円宮妃久子殿下

Foreword by H.I.H. Princess Takamado

Photo : Princess Takamado

クロガモが川辺にじっとしていました。幾度も、羽繕いをする時のように嘴を翼の下に持っていきます。羽ばたきを繰り返す様子もどこかおかしいと思い、スコープを通して確認すると、体に釣糸が絡まっていました。クロガモのオスは上嘴だけが鮮やかな黄色で、北海道から房総沖の海に冬鳥として渡ってきます。私が初めて近くで観察できた野生のクロガモでしたが、とても心が痛む出合いとなってしまいました。彼はもう自由には泳げませんし、採餌も難しいでしょう。捨てられたテグスが絡まり、脚を失ったり動けなくなったりする水鳥は多いのです。

ちょうど10年前、藤原幸一さんが『南極がこわれる』という本を出版され、「序文にかえて」という形で私に自分の考えを記す機会をくださいました。環境に関して持て得る知識と発想の全てを問われているようで非常に緊張しましたが、どうにかまとめることができ、胸をなでおろしたのを昨日のことのようによく覚えています。

そして今年、藤原さんから『環境破壊図鑑』を執筆中とうかがった時には、まさか再び序文の依頼が届くとは思いもしませんでした。恐縮しながらご本人が「集大成」と位置付けられている本書の原稿に目を通させていただくと、環境破壊という暗い話題でありながらも、各々の内容がとても面白そうで、専門的でありながらも一般向けに書かれている印象を受けました。そうであれば、環境を専門としていない私が序文を書かせていただいてもいいのかもしれないと思うに至り、改めて当時書いた自分の文章を読んでみました。驚いたことに、10年経っても私の考えは変っておらず、むしろ、より強くなっていると感じます。

ご存じのように、地球上の生物は身体を特殊化させることで、特定の生息場所を自分のために確保しています。しかし、人類は身体を生息環境に適応させることをせず、道具を駆使し、服を作り、家を建て、様々な交通手段を考え出したことにより、地球上のほぼ全域を自分たちの生息地域とすることに成功しました。それは、特殊化しながら各々の地域のみに生息し、それぞれのニッチに身体を適応させた生物にとって大きな脅威でした。直接的であれ間接的であれ、人間の行動が原因となって地球環境が変化していることが多く、『環境破壊図鑑』ではそれが具体的な例をもって記されています。

藤原さんの新著は、人間社会に対しての警鐘であり、そのあり方を根本的なところから考え直さなければならないことを説いています。古代文明をみても、必ずと言っていいほど自然破壊や持続可能ではない開発や利用をしたために滅びており、同じ間違いをこれだけグローバルな社会が起こしたら、地球規模で滅びることになってもおかしくはありません。当然のことながら、地球環境は人類がいなくても新たな生命を育み存続していきます。しかし、できればこの美しい地球に存在するあまたの種の中に人類も生存し続けたいものです。国際的な機関や国、大きな組織での取り組みに期待しても、それらは全て個人から成り立っている集団ですから、早急に一人ひとりの意識改革を進めることが大事でしょう。人々の意識の中に危機感が生まれ皆が同じ目標に向かって動けば、いずれ大きな力となり、環境破壊を少しでも抑えることができると信じております。

藤原さんが五大陸をまわって撮られた写真と、専門知識から生まれる文章が、多くの方を行動へと駆り立ててくれることを心より願い、「序文にかえて」といたします。

主な用語解説

IUCN　「International Union for Conservation of Nature」の略で、「国際自然保護連合」と呼ばれる。自然保護に関する世界最大のネットワークでもある。IUCNは、1948年に世界的な協力関係のもと設立された、国家、政府機関、非政府機関で構成される国際的な自然保護ネットワークだ。約1200の組織（200を超える政府・機関、900を超える非政府機関）が会員となり、世界160カ国から約1万1000人の科学者・専門家が6つの専門家委員会に所属し、生物多様性保全のための協力関係を築いている。本部はスイスのグランにあるが、約1000人の事務局スタッフが45カ国にいる。彼らは会員・専門家のネットワークを支え、フィールドでのプロジェクトを実施する。日本には、大正大学内に「IUCN日本リエゾンオフィス」が設けられている（2015年9月現在）。

WWF　「World Wide Fund for Nature」の略で、「世界自然保護基金」と呼ばれる。1961年9月11日、前身のWWF（World Wildlife Fund：世界野生生物基金）が設立された。環境問題が世界的に注目されるようになり、1986年、「世界野生生物基金（World Wildlife Fund）」から名称を現在のものに改めた。野生生物の保護から、地球環境の保全へ、その活動と使命が拡大していることを知らせるためだ。現在スイスのWWFインターナショナルを中心に、100カ国を超える国々で地球環境の保全に取り組んでいる。

IUCNレッドリストカテゴリー　現在、地球上における野生生物種の絶滅は、かつてない速さで急速に進んでいる。これらの種を保護すること、ひいては地球上の生物多様性を保全することは急務だ。IUCNの「種の保存委員会（SSC）」が提供する「絶滅のおそれのある生物種のレッドリスト」（以下、「レッドリスト」）は、自然保護の優先順位を決定する手助けをしている。レッドリストは、絶滅の危機にさらされている植物や動物の種のパーセンテージを分析し、生物多様性の損失について統計上の警告を出す。全ての種の状態、とりわけ、樹木や淡水の生物といった具体的なグループを監視することは、地球規模での保護の優先度を識別する助けになる。レッドリストは、2000年のIUCN理事会にて採択された新カテゴリーに従って、生物種の分類を行っている。

● Extinct（EX）絶滅（WWFでの呼び方「絶滅種」）
すでに絶滅したと考えられる種。

● Extinct in Wild（EW）野生絶滅（WWFでの呼び方「野生絶滅種」）
飼育・栽培下で、あるいは過去の分布域外に個体（個体群）が帰化して生息している状態でのみ生存している種。

● Critically Endangered（CR）絶滅危惧IA類（WWFでの呼び方「近絶滅種」）
ごく近い将来における野生での絶滅の危険性が極めて高いもの。

● Endangered（EN）絶滅危惧IB類（WWFでの呼び方「絶滅危惧種」）
IA類ほどではないが、近い将来における野生での絶滅の危険性が高いもの。

● Vulnerable（VU）絶滅危惧II類（WWFでの呼び方「危急種」）
絶滅の危険が増大している種。現在の状態をもたらした圧迫要因が引き続いて作用する場合、近い将来「絶滅危惧I類」のランクに移行することが確実と考えられるもの。

● Near Threatened（NT）準絶滅危惧（WWFでの呼び方「近危急種」）
存続基盤が脆弱な種。現時点での絶滅危険度は小さいが、生息条件の変化によっては「絶滅危惧」として上位ランクに移行する要素を有するもの。

● Least Concern（LC）軽度懸念（WWFでの呼び方「低危険種」）
基準に照らし、上記のいずれにも該当しない種。分布が広いものや、個体数の多い種がこのカテゴリーに含まれる。

● Data Deficient（DD）情報不足（WWFでの呼び方「情報不足種」）
評価するだけの情報が不足している種。

※本書では、絶滅危惧IA類、IB類、II類の3つをまとめて「絶滅危惧種」と呼んでいる。2015年2月時点で、2万2784種が絶滅危惧種とされている。また、絶滅危惧と準絶滅危惧のカテゴリーに含まれる種を「絶滅が心配される生物」として扱っている。

日本環境省レッドリスト　IUCNのカテゴリー分類とほとんど同じであるが、「軽度懸念（LC）」というカテゴリーはなく、「絶滅のおそれのある地域個体群（LP）」を設けているという違いがみられる。

CITES　「Convention on International Trade in Endangered Species of Wild Fauna and Flora」の略で、「ワシントン条約」または「絶滅のおそれのある野生動植物の種の国際取引に関する条約」とも呼ばれている。自然のかけがえのない一部をなす野生動植物の一定の種が、過度に国際取引に利用されることのないよう、保護することを目的とした条約だ。この条約は、絶滅のおそれがあり、保護が必要と考えられる野生動植物を附属書I、II、IIIの3つに分類し、附属書に掲載された種についてそれぞれの必要性に応じて国際取引の規制を行うこととしている。

● CITES附属書I　掲載基準：絶滅のおそれのある種で取引による影響を受けている、または受けるおそれのあるもの。掲載内容：学術研究を目的とした取引は可能で、輸出国と輸入国双方の許可書が必要。

● CITES附属書II　掲載基準：現在は必ずしも絶滅のおそれはないが、取引を規制しなければ絶滅のおそれのあるもの。掲載内容：商業目的の取引は可能で、輸出国政府の発行する輸出許可書等が必要。

● CITES附属書III　掲載基準：締約国が自国内の保護のため、他の締約国・地域の協力を必要とするもの。掲載内容：商業目的の取引は可能で、輸出国政府の発行する輸出許可書または原産地証明書等が必要。

附属書の対象には、生きている動植物のみならず、剝製等も含まれる。また、その生物の肉や骨や皮などの部分、それらを用いた毛皮のコート、は虫類の皮革製品及び象牙彫刻品等の加工製品も対象になる。

※本書では以降、「国際自然保護連合」を「IUCN」、「ワシントン条約」を「CITES」と表記する。

目次

序文にかえて　高円宮妃久子殿下——2
主な用語解説——3

第1章　地球の陸——7

地球の陸／豊かな生態系を育む原生の森／原生林消滅まで残り8.1%？／森の破壊は文明から始まった／古木の洞と生きる野生動物たち／73億人の生活を支える森の恩恵

第2章　地球の海——13

世界の海を漂う500万兆個のプラスチック／「海の熱帯雨林」、サンゴ礁がなくなる？／行き過ぎた漁業／オオシャコガイと南シナ海の生態系／ジンベエザメと観光の両立

第3章　南極——19

南極とは——20
融け出す氷河——22
コラム｜地球の気温変化——22
巣からころげ落ちるヒナ——25
コラム｜永久凍土とは？——25
オゾンホールと皮膚がん——27
コラム｜オゾンホールとは？——27
クジラのエサがなくなる？——28
巨大化するピンクの氷——30
南極海に残るペンギン釜——32
ペンギンが毎日通るゴミ山——35
南極観光とナンキョクブナ——36
ゴミと化した捕鯨基地——39
コラム｜国際捕鯨委員会（IWC）とは？——39
「捕鯨オリンピック」とは？——40

第4章　北極——43

北極とは——44
失われゆく北極海の氷——46
コラム｜温室効果ガス——46
ホッキョクグマがいなくなる——49
10万頭の赤ちゃんアザラシの死——50
流れ着く汚染物質——52
コラム｜日本の公害の歴史——52
北極スモッグ
——アザラシとセイウチの体内汚染——54
アザラシの生肉を食べる先住民——56
コラム｜追いやられる先住民——56
ライチョウと地球温暖化——58
『ハリー・ポッター』で有名なフクロウの危機——59
増えるジャコウウシ——60

第5章　アフリカ大陸——63

アフリカ大陸とは——64
ライオンは動物園にしかいなくなる？——66
ペットのために密猟される絶滅寸前のトカゲ——67
害獣となったチーター——68
毎年3万頭のゾウが殺されている
——象牙目的の密漁と違法輸出、闇取引——70
牙を失ったアフリカゾウ——72
サイの角と薬——75
エボラ熱で死んでいくゴリラ——76
農薬とツル——77
害鳥として殺される巨大ワシ——79
コラム｜害獣とは何か——79
絶滅危惧種の野生ヒツジが島を破壊する——81
観光客を襲うチャクマヒヒ——82
毎日救助される油まみれのペンギン——84
固有植物の違法採取——87
巨鳥エレファント・バードの死——88
サルが毒を食べる——90
横跳びシファカの悲しみ——92
バオバブの未来——94
マダガスカルの森がなくなる——96
『不思議の国のアリス』に登場するドードーの絶滅——98
かつてモーリシャスにあった風景——100

第6章　オセアニア——103

オセアニアとは——104
卵を産むほ乳類の危機——106
漁網が絡まったオットセイ——109
4kgの巨大ザリガニが消える——110
タスマニアデビルの病死——113
ブルーの洗濯バサミを集める鳥——115
カンガルーはかつて木の上でくらしていた！——116
民家を襲うラクダ——117
密林を走り回る巨鳥の敵——118
飛ぶことをやめた国鳥と鉱山——120
2億年生きてきたトカゲ——123
巨大海鳥が陥った罠——125
森を失ったペンギン——126
ジュゴンの運命——129

第7章 アメリカ大陸――131

アメリカ大陸とは――132
イヌワシは生き残れるか?――135
軍用イルカのリハビリ施設――136
ゴミ捨て場に集まるクマ――138
コラム|世界のゴミ問題――138
世界中で猛威をふるうカエルツボカビ菌――140
ヘラジカと林業――141
ナマケモノ保護施設――142
砂漠の花園に訪れた危機――144
乱獲されたチリ産の貝が日本の食卓へ――146
コラム|日本の水産資源は枯渇寸前?――146
アマゾンの森が消えてゆく――148
ハチドリの願い――150
石油開発にゆれるアマゾン――152
ロンサム・ジョージの死――154
90%のペンギンはなぜ死んだ?――156
外来種に食べ尽くされるイグアナとゾウガメの卵――158

第8章 ユーラシア大陸――161

ユーラシア大陸とは――162
湖でくらすアザラシの悲劇――164
河からいなくなったカワウソ――166
100年前に絶滅した野生バイソンの今――167
絶滅に向かうヤマネコ――168
アイベックスが消えた山――169
野生ゾウが殺され続けている――171
プラスチックを食べる野生ゾウ――172
100頭以上のトラを飼っていた寺――174
暴走する焼畑農業と人間の欲望――176
オランウータンの森がなくなる――178
テングザルの叫び――180
コラム|マングローブの役割――180
高値がつくクマの内臓――183
コラム|ペットビジネスの闇――183
砂漠化するコモドドラゴンの島――184
昆虫ブームと児童労働――186
野良犬救助に立ち上がった女医たち――188
宗教儀式と生贄にされるウミガメ――190
悲しい幾何学模様――192
ピンクイルカの体内汚染――194
PM2.5と550万人の死――197

第9章 日本――199

日本とは――200
人間にほんろうされるリス――202
追いやられる日本のカメ――204
トビが人を襲う――206
ヒートアイランド
――北上を続ける昆虫と植物――208
日本でもデング熱やジカ熱が当たり前になる――211
野生植物の3種に1種が絶滅の恐れあり!――213
カニと交通事故――214
毎年1万頭以上駆除される天然記念物のサル――216
ワインキャップを背負うヤドカリ――218
コラム|漂着ゴミ――218
イルカとクジラの体内汚染――220

第10章 世界遺産――223

ガラパゴス諸島
――ゴミと外来種が島をむしばむ――224
海で傷つき溺死する野生動物――226
ラパ・ヌイ
――ゴミに埋もれていく島――229
スリランカの古都ポロンナルワ
――地雷を踏んだゾウと人間――231
ミャンマーのバガン
――原形をとどめない修復とゴミ問題――232
ミャンマーのインレー湖
――森の破壊で湖が消える――233

終章 再生の現場――235

森再生プロジェクト①
――ガラパゴス、ゾウガメの森――236
森再生プロジェクト②
――マダガスカル、シファカの森――237
サンゴ礁の再生と地域経済――239
トナカイ、復活への道――240
絶滅したオリックスの二度目の未来――241
絶滅シマウマ再生の夢、その結末は?――242
レスキューファミリー①
――ハヤブサが飛び立つ日――244
レスキューファミリー②
――愛するパディメロンとの別れの日――245
モンゴルに帰ってきた野生のウマたち――246
トキがいる空を取り戻せるか――248

ぼくたちがつくる地球の未来――250
参考資料――251
索引――252

自分たちの森が伐採されて、途方にくれるサルたち

地球の陸

地球の表面積は約5億1000万km²。そのうち29%が陸地で、71%が海だ。陸地は緯度や気候、土壌帯の違いにより生育する植物に特徴が現れる。世界の植物帯には次の14の区分がある。

①氷雪地域：南極大陸とグリーンランドに代表される。最も暖かい月でも平均気温が0度を超えない、年間を通して雪と氷に閉ざされている地域。いくつかの種子植物もみられるが、大部分はコケ類と地衣類（菌類と藻類が共生している植物）がまばらに生育しているだけ。

②高山植生：高山地帯で、高木が生育できなくなる限界高度（森林限界）より上、山頂の氷雪帯より下の地域。日本では海抜高度2500m以上の山地をいう。ハイマツなどの低木、草本類、コケ類、地衣類などが生息している。

③ツンドラ：北極圏や南極半島でみられる。最も暖かい月の平均気温が0～10度。地下に1年中融けることのない永久凍土が広がる。高木はなく、コケ類や地衣類、背丈が低い草本類と灌木が中心。

④針葉樹林（タイガ）：年平均気温－16～5度、年間降水量200～2000mmに発達する森林。シベリア地方や北アメリカ北部にある広大な天然の針葉樹林をタイガという。日本でみられる針葉樹林は、その大部分が人工林で、スギやヒノキ、カラマツの植林が多い。

⑤落葉広葉樹林（夏緑林）・混合林：温帯から亜寒帯にかけて降水量の多い地域にみられる。年平均気温3～14度、年間降水量500～2800mmに発達する森林。冬季の低温に対応して葉を落とす。ブナやカエデなど。混合林は、広葉樹と針葉樹が混生する森林のこと。

⑥落葉広葉樹林（雨緑林）：熱帯から亜熱帯にかけての乾期と雨期のはっきりした地域にみられる。年平均気温18度以上、年間降水量1000～2500mmに発達する森林。乾期に落葉する。チークなど。

⑦温帯常緑広葉樹林：年平均気温12～20度、年間降水量1000～3200mmに発達する森林。いわゆる照葉樹林。シ

地球の約3割を占める広大な陸地。太古から多くの生命を育んできた原生の森は、今や、８.１％しか残っていない

イやカシなどが生育する。

⑧硬葉樹林：年平均気温15度前後、年間降水量は600mm前後に発達する森林。常緑広葉樹林の一種で、葉は小さくて硬く、夏季の乾燥に耐えることができる。オリーブ、バンクシア、アカシア、プロテアなどが生育。

⑨熱帯雨林：年平均気温20度以上、年間降水量2000mm以上に発達する森林。常緑樹の他、つる植物やシダ植物が繁茂して密林になる。赤道から回帰線の間にあり、生物多様性が特徴。大気の酸素を生み出すのに、重要な役割を果たしているとみられる。

⑩プレーリー：温帯草原。夏の平均気温は20度以上、年間降水量は 250 ～ 800mm。雨期に草丈が高くなる。主な植物はネズミノオ、エゾムギなどイネ科の植物。高木もまばらにみられる。

⑪ステップ：プレーリーに隣接する大草原。最も暖かい月の平均気温が10度以上、年間降水量250 ～ 500mm。プレーリーよりも背丈の低いイネ科などの草がみられる。低木がまばらにある。

⑫サバナ（サバンナ）：乾期と雨期のある熱帯にみられる。最も寒い月の平均気温が18度以上、年間降水量600mm 以下の地域。イネ科の植物を主とする草原に樹木がまばらに生え、植物は雨期に葉をつけて繁茂する。

⑬有刺灌木林：乾期が生育期間よりも長い地域に発達する森林。葉が退化して太いトゲを持つ耐乾性の強い樹木、多肉植物、草本類などからなる。

⑭砂漠（荒原）：年間降水量200mm 以下の亜熱帯及び温帯にできる荒原。乾燥に強い多肉植物や草本類などが生育している。

アラスカの針葉樹林（タイガ）

貴重な原生林

豊かな生態系を育む原生の森

このように、地球の表面積の29%を占めている陸地には様々な植物帯がみられる。ほとんど一年中、雪と氷に閉ざされた氷雪地帯である南極大陸やグリーンランドですら、花をつける植物が数種類みられ、寒さに強いコケ類や地衣類が生育している。氷雪地帯に隣接する温暖な地域へ移動すればツンドラが現れ、高木の樹木は育たないにもかかわらず、多種多様な動植物によってつくられた生態系がみられる。低緯度で温暖な地域に進めば、今度は広大な針葉樹林や広葉樹林が出現する。いわゆる森林だ。特に原生林には、樹木や草花など多くの植物が生育している。その花や実をエサとしたり、樹の幹や土の中などをすみかにしたりする多くの動物が生息している。その数は、陸地で生きる動植物種の3分の2以上にもなる。これらの生物は、原生林という空間で密接で複雑な関係を築き上げている。

原生林消滅まで残り8.1%？

国連食糧農業機関（FAO）によると、世界の森林面積は2015年の統計で39億9913万ha（1ha ＝0.01km^2）あり、全陸地面積のおよそ30%を占めるという。しかし、森林の中には植林された人工林がかなり含まれており、過去に人間の手が全く入っていない森のことを原生林や古代林、極相林と呼んでいる。世界資源研究所（WRI）によると、原生林は2000年に12億8000万haで、南極とグリーンランドを除く陸地面積の9.7%しか残っていなかった。さらに、2013年には8.1%にまで減ったという。1990年から10年間の森林面積の変化を見ると、熱帯地域で急激に減少している。熱帯に残されていた原生林は、毎年1420万haずつ失われていった。これは、日本の本州の60%の広さにあたる森が毎年消滅しているに等しい。

主な原因は薪や木材用の伐採だが、それだけではない。農地に転換するための大規模な破壊や森林火災も深刻だ。また、道路や鉄道敷設のためのインフラ工事によって、森が細切れに分断されている。このため、例え原生林が破壊されずに維持されたとしても、森の樹木の密度が落ちたり、野生生物の繁殖や交流ができなくなったりしている。

2000～2010年の間に原生林の減少が大きかった国は、ブラジル、オーストラリア、インドネシア、ナイジェリアなど。このうち、オーストラリアの減少は、2000年以降の深刻な干ばつや森林火災などが原因だが、その他の国では農地への転換や薪の過剰採取などが主な原因となっている。

森の破壊は文明から始まった

日本の縄文時代にあたる8000年前には、陸地の60%以上が原生林に覆われていた。そして、5000年前あたりから人間による森の破壊が始まる。エジプト、メソポタミア、インダス、中国などで文明が起き、都市が築かれ、周辺の森が広範囲に伐採された。森林破壊はその後、ヨーロッパやアジア内陸部にも広がる。日本でも400年前から大規模に原生林が切り開かれ水田がつくられていった。さらに250年前、ヨーロッ

マダガスカルの炭売り

パで産業革命が始まると、原生林だった土地に次々と町や工場がつくられ、さらに燃料として森は伐採された。やがてそれは中国やアメリカ北東部、オーストラリア東部にも広がっていった。

60年ほど前からは人口爆発にともない、かつて経験したことがないほどの猛烈なスピードで、地球全土の原生林が消滅し始める。8000年前と比べると、すでに90%近くの原生林が失われたことになる。

古木の洞と生きる野生動物たち

原生林に分け入っていくと、地球を何千年も見守ってきたたくさんの大きな古木や枯れ木、倒木に出合う。そういった木には洞がみられる。森で生息するほ乳類や両生類、は虫類、鳥類の約5分の1は木の洞を利用している。古木の伐採は洞の喪失を意味し、野生動物の生存を危機的状態にしている。

さらに、多くの野生動物は繁殖し、エサを得るために、古木の洞を中心とした広範な森を必要としている。原生林は様々な種類と樹齢の木からなり、多様な動植物で構成される成熟した生態系である。樹種が少なく樹齢もそろった植林地で野生動物が繁殖するのは難しい。原生林の伐採とそこにくらす野生動物の絶滅は、決して無関係ではないのだ。いったん原生林が伐採されてしまうと、もとの豊かな生態系に戻るまでに数千年もかかる。

73億人の生活を支える森の恩恵

森には水蒸気や酸素などを排出し、大気の調節や気候変動を緩和する機能がある。樹や草が地表を覆い、根が土壌をしっかりとつかむことで、雨による土壌の流出や土砂崩れなどを防いでいる。また、雨水をろ過して水質を浄化したり、貯留して河川へ流れ込む水の量を調整し、洪水を緩和したりもする。さらに、そうした土壌には、地球温暖化の原因のひとつとされる二酸化炭素を大

原生林の洞

気から取り込んだ落ち葉が堆積している。それが昆虫や微生物などによって分解されることで、土壌に養分が供給されているのだ。

現在、世界で16億人以上の人々が食料や燃料、薬などを森に依存して生活しているとみられている。また、ほとんどの国が、森を源とする水を飲料水として利用している。世界中にくらす73億もの人間を支えているのが森なのだ。ぼくたちは、森からたくさんの恩恵を受けていることを忘れてはいけない。改めて森と、そこでくらす生きものたちとのつき合い方を考えていく必要がある。

第2章

地球の海

Ocean

東京湾の砂浜に海から流れ着いたプラスチック片

世界の海を漂う500万兆個のプラスチック

日本列島よりも大きい、密集した浮遊物が世界中の大洋で発見されている。それは人間が捨てたプラスチックゴミだ。科学雑誌『PLOS ONE』（2014年12月）の論文で、世界の海には少なく見積もっても500万兆個（5,000,000,000,000,000,000個）のプラスチックゴミが浮遊していると報告された。天文学的な数字で見当もつかないが、海に深刻な事態が起きていることは伝わるだろう。

ぼくたちが毎日使っているペットボトルやレジ袋などが、海に流され漂っているのだ。さらに、それらは紫外線や波により小さく砕かれ、大きさ5mm以下のマイクロプラスチックになっている。このように目にみえないプラスチックゴミが世界中の海に広がっていることが、新しい環境問題となっているのだ。

これを鳥や魚がエサだと思って食べてしまっている。東京湾で獲れたカタクチイワシの8割近くの内臓からは、大量のマイクロプラスチックが発見された。また、プラスチックは細かくなると表面積が増えて、有害物質を吸着しやすくなることがわかってきた。吸着物として、残留性有機汚染物質であるPCB（ポリ塩化ビフェニル）などが検出されている。

世界のプラスチックの生産量は年間約2億8800万t（2012年）で、増加傾向にある。日本近海では

川に捨てられたプラスチックゴミ

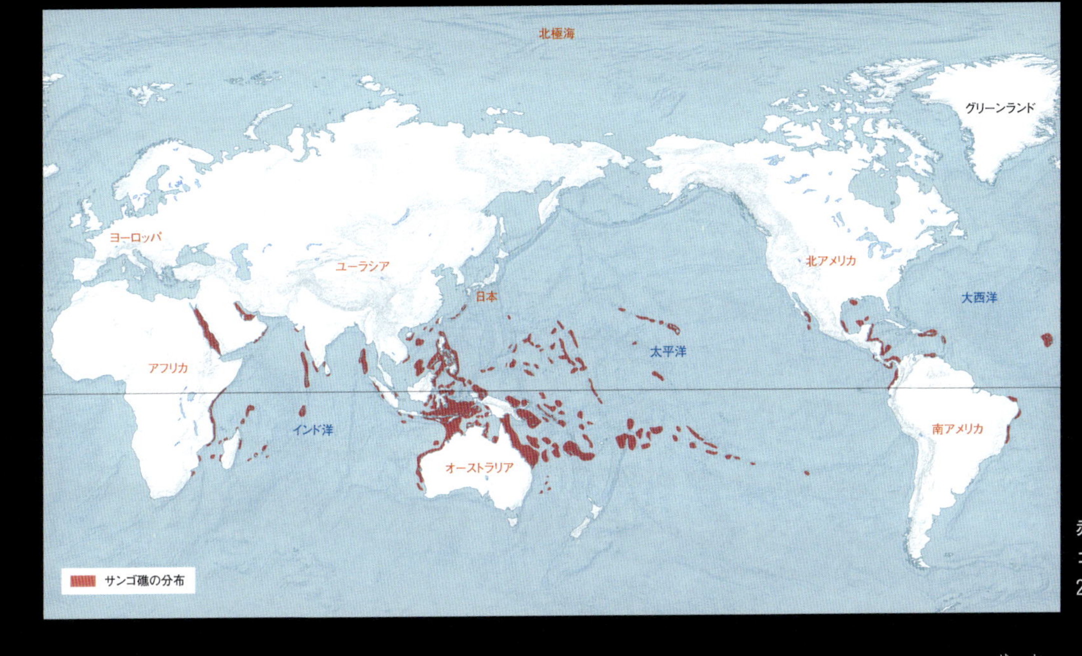

赤い色で示されたサンゴ礁には、海洋生物の25%の種がみられる

特にマイクロプラスチックの密度が高いことがわかってきた。九州大学の研究グループが2014年7～9月、日本海など56カ所の海水を調査した結果、1k㎡あたり平均172万個が漂っていると推定された。これは世界平均の27倍の密度だ。世界中の海に漂うプラスチックを回収することは、今となっては不可能だ。何気なく使い捨てにしているプラスチックが海を汚し、魚など、海の生きものたちを傷つけていることを知るべきだろう。

「海の熱帯雨林」、サンゴ礁がなくなる?

サンゴ礁のある海は、世界の全海域のわずか0.1%にも満たない。にもかかわらず、海洋生物のおよそ25%もの種がみられる。その生きものたちの種の豊富さから、「海の熱帯雨林」とも呼ばれる。そんなサンゴ礁が今、危機を迎えている。地球温暖化による海水温の上昇や、陸から流れ込んできた除草剤などの汚水によってサンゴが次々と死んでしまっているのだ。

海水温が上昇すると、サンゴと共生している褐虫藻と呼ばれる藻類が体内から出ていってしまうため、サンゴは真っ白になってしまう。これを「白化現象」という。褐虫藻はサンゴに酸素や栄養を供給しているため、白化したサンゴは褐虫藻が戻らない限り、そのまま死ぬしかない。2015年10月米海洋大気局（NOAA）は、地球規模でサンゴの白化が起きていると発表。さらに2016年3月、オーストラリア北東部、南北2000km以上にわたって広がる世界最大のサンゴ礁、グレート・バリア・リーフでも大規模なサンゴの白化現象が生じていることが報道された。北部1000km圏内の約

オニヒトデによる食害

白化したサンゴ

95%でサンゴが白化しているという。過去に例のない規模だ。

オニヒトデによる被害も深刻である。オニヒトデはサンゴによじ登ると、口から消化液を出して、サンゴの骨格だけを残し全てを食べつくしてしまう。オニヒトデの大量発生は定期的にみられるので、時間が経てば消えるものだ。本来オニヒトデはサンゴ礁に産卵し、その後、幼生が生まれるのだが、そのほとんどがサンゴや魚に食べられてしまう。これが健康なサンゴ礁の食物連鎖だった。

しかし、温暖化による海水温の上昇や、森の破壊、道路工事などによってサンゴ礁への土砂流入が続くと、サンゴは弱体化し死滅する。一方で、オニヒトデの幼生のエサとなる農業に使われる肥料が河川を通じて流れ込み、幼生が大量に成長できる環境を与えているので、オニヒトデの発生が止まらなくなってしまう。

消滅しているのはサンゴ礁だけでなく、被害はマングローブや海草にも及んでいる。このままでは2050年までに、サンゴ礁だけでも全滅する恐れがあると言われている。海の汚染をなくすとともに、世界規模で進む地球温暖化をくい止めなくてはならない。

行き過ぎた漁業

世界自然保護基金（WWF）は2015年9月、魚類などの海洋生物の個体数が1970~2012年の40年あまりで、49%減少したとの報告書を発表した。特に人が食用にしている魚類の減少が著しく、マグロを含むサバ科は、1970~2010年の間に74%も減少したという。すでに、世界の漁業の85%以上が獲り過ぎで限界を超えている。

魚やエビ、イカ、ウニなどは海で卵を産み、卵から生まれた幼生や稚魚がおとなになってまた卵を産む。そうやって、海の生きものたちの命はつながれている。この命のつながりを考慮して漁を行えば、ぼくたちは海の恵みをずっと得ることができるはずだ。しかし今、世界中の海で行われている漁業は、命のつながりを無視した大規模で無秩序なものと言える。巨大な巻き網や底引き網を海で引きずり回し、その海域にいる生物を根こそぎ獲る。このような破壊的な漁業では、成魚になるまで漁獲をひかえるべき大量の幼魚までも獲ってしまう。たくさんの釣針にエサをつけて海に流す延縄漁は、かつて数十mほどの延縄を流す小さな規模で行われていた。しかし現在は、大型船で50kmもの長さがある延縄を使うようになってしまった。こうしてひとつの漁場を一網打尽にし、次々とまた別の漁場を破壊していくのだ。

その結果、海は砂漠のようにどんどん空っぽになっている。さらに、魚目当てに投じた網や釣針で、海鳥やイルカ、サメ、ウミガメなどを一緒に獲ってしまう混獲も起きている。海洋保護区というものがあるが、指定されているのは世界の海のわずか1.6%にすぎない。その保護区ですら、90%の海域で漁が行われている現実がある。魚資源は枯渇寸前で、子孫に残せる分もなくなってしまうだろう。

オオシャコガイと南シナ海の生態系

オオシャコガイはサンゴ礁に生息する世界最大の二枚貝だ。幅1.2m、重さ200kg以上にもなる（13頁扉下段右下）。今、この巨大な貝は絶滅の危機にあるのだが、オオシャコガイでできた装飾品は、中国では縁起がいいとされている。だがそれは、南シナ海の生態系を破壊することにつながっている。オオシャコガイはサンゴの間にその巨体を隠すように生息し、体内に共生している生物がたくさんいる。そして、その巨大さ故に、オオシャコガイを捕獲するには周りのサンゴを壊さなくてはならないのだ。

南シナ海は世界でも有数の漁場で、世界の漁獲量の10%以上を占める。中国は2015年、オオシャコガイの捕獲を禁止したが、南シナ海北西にある海南島（中国）では、いまだオオシャコガイからつくられた装飾品が売られている。2012年、貝の加工品を売る店は15店だったのに対し、2016年6月には400店以上にも増えている。10万人の雇用を生み、オオシャコガイの価格は過去5年間で40倍にもなったという。そして当然のことだが、オオシャコガイの乱獲はサンゴ礁の生態系を容赦なく破壊していった。

南シナ海にあるサンゴ礁では、中国によって人工島が多数造られ、港や飛行場の他、軍事施設やリゾートも建設されている。サンゴ礁の生態系は繊細で脆弱だ。人工物を造るだけでも広範囲なサンゴ礁の死滅が起こってしまう。南シナ海に対する中国の領有権主張や人工島の建設などが国際法に違反するとして、フィリピンは中国を相手に提訴をした。国際仲裁裁判所は2016年7月、中国の主張に法的根拠がないという判断を示し、それに対して中国は、関係国との対話を通じて問題を解決していくと述べている。領土問題の話だけではなく、地球の貴重な生物の宝庫である南シナ海の生態系を守ることも、話し合われるべきだろう。

魚を獲り過ぎてしまう無秩序な漁業

ジンベエザメと観光の両立

そんな中で、好例も生まれている。体長15mにもなる世界一大きい魚、ジンベエザメをご存じだろうか（12頁扉中央右）。彼らはサンゴの卵を食べるため、年に一度サンゴ礁に現れる。

しかし、彼らは過去75年間で、生息数が50%以上減少したとみられている。脅威となったのは漁業だ。食用だけでなく、船の防水に使う肝臓油目的で捕獲され、また乱獲や混獲により世界中で生息数を減らしてきた。結果、ジンベエザメを保護動物に指定する国が増え、2000年にはIUCNにより絶滅危惧種に指定された。

そのような流れの中で近年、ジンベエザメウォッチングが観光ビジネスとして成長をとげている。現在ウォッチングが行われているのは19カ国で、年間4200万アメリカドル（約42億円）もの経済効果があると見積もられている。「食べるジンベエザメ」から「観るジンベエザメ」への転換。それは共存、そして持続可能な環境保護という意味でも理想的と言えるものだろう。

第3章

南極

Antarctica

日々繰り広げられる弱肉強食の食物連鎖。
地球上で最も寒い大地が今、
地球上最も早いスピードで融け出している。

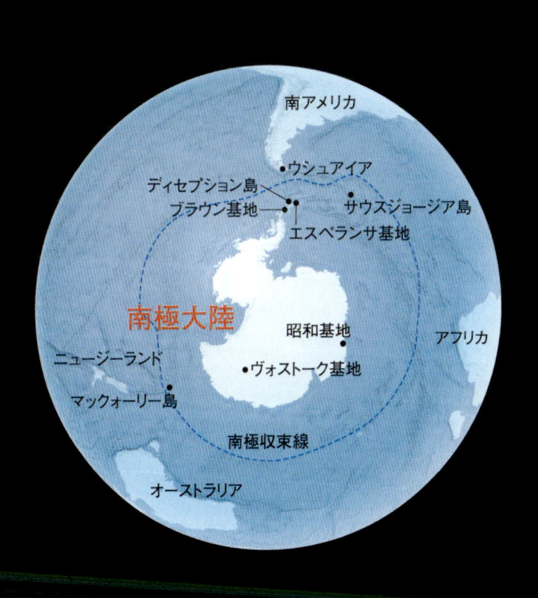

南極とは——。

[**位置**] この章で扱う「南極」とは南極大陸の他、南極海の島々であるサウスジョージア島、マックォーリー島、オークランド島、アンティポディーズ諸島、キャンベル島なども含む。

[**面積**] 約1360万4000km² (南極大陸周辺の棚氷を含める。海洋は含まない)

[**人口**] 先住民のくらしや過去の痕跡は発見されていない。30カ国以上の国が100カ所を超える基地を設けている。夏季に約4000人、冬季に約1000人が基地に滞在。

[**気候**]・最低気温　－89.2度(ヴォストーク基地　1983年7月21日)
・最高気温　17.5度(エスペランサ基地　2015年3月24日)
・年間降水量(平均)　南極大陸内部50mm、エスペランサ基地726mm
・日照時間　南極大陸では北極圏と同様に真冬に極夜、真夏に白夜となるが、季節は真逆である。昭和基地では、夏の12～2月に1日中太陽が出ている白夜、冬の5月末～7月中旬に1日中太陽が出ない極夜になる。

[**植物帯**] 氷雪地域(主な南極大陸)、ツンドラ(南極半島、サウスジョージア島など)。主な植物に、ナンキョクミドリナデシコ、ナンキョクコメススキ、ギンゴケ、ナンキョクイワタケ、ムカデゴケがある。

[**地形**] 平均標高約2300m。大陸の95%以上が氷床に覆われている。南緯60度付近に南極収束線という自然の境目がある。南極から北に流れる栄養に富んだ海水と、北から南下する海水とが混ざる場所で大量のプランクトンが発生し、それを求めて膨大な生きものが集まる。

[**絶滅が心配される主な生物**] ほ乳類：シロナガスクジラ、ナガスクジラ、イワシクジラ、セミクジラ、マッコウクジラ、シャチなど
鳥類：エンペラーペンギン、アデリーペンギン、ジェンツーペンギン、マカロニペンギン、ワタリアホウドリなど

[**環境問題**] オゾンホール、温暖化、永久凍土の融解、外来種や病原菌の侵入、食物連鎖の激変、ゴミ問題、土壌汚染、大気汚染、海洋汚染、海洋生物の乱獲、基地や観光による生息地の破壊、海難事故による油汚染。

南極というと、どんな風景を思い浮かべるだろうか？閉ざされた、地球最後の未開の大陸。どこまでも続く雪原を、隊列を組んで行進するペンギンたち。そんなイメージかもしれない。実は南極は世界で最も標高の高い大陸であり、世界で最も乾燥した大陸だ。

半島北端のエスペランサ基地

南極大陸は、周辺の棚氷を含めると、面積が1360万km²あり、日本の面積の約36倍もある。平均標高は約2300mで、地球上の大陸の中でずば抜けた高さを誇る。南極大陸に次ぐアジアの平均標高が約900mなので、いかにそびえ立つ山々が多いかが理解できるであろう。降り積もった雪が氷塊となり、低地に向かって流れている所を氷河と呼ぶ。氷河が海に到達し、張り出した部分を棚氷と呼び、その一部が砕け落ちて氷山になる。

南極大陸は地球上で最も寒い場所であり、北極よりもかなり寒い。内陸のヴォストーク基地では、最低気温－89.2度を記録しており、大陸の95%以上が氷に覆われている。氷床の厚さの平均は2450mという。最も近い南米大陸とも約

1000km離れており、地球上で唯一の孤立した大陸であることなども特徴のひとつだ。

＊

南極にくらす動物で、真っ先に思い浮かぶのはペンギンだろう。地球上で最も厳しい南極の冬に子育てをするエンペラーペンギン。夏に子育てをする3種のペンギン、アデリーペンギン、ひげのような羽毛を持つチンストラップペンギン、オレンジ色のくちばしが印象的なジェンツーペンギンがいる。

ちなみに、南極にも食物連鎖が存在する。春になると大量の植物プランクトンが浮氷の下に発生し、それを食べる動物プランクトンがやってきて、それを食べるナンキョクオキアミもやってくる。ナンキョクオキアミは生態系で最も重要な生物であり、魚やイカ、さらにペンギンやアザラシの重要な食料になっているだけではなく、シロナガスクジラやセミクジラ、ザトウクジラ、ミンククジラもそれを食べるために北から何千kmも旅してやってくる。

エンペラーペンギン

かつて油目的で狩猟されていたミナミゾウアザラシ

さらに、ペンギンを食べるヒョウアザラシ（18頁扉）がいて、アザラシを食べるシャチもくらしている。静かな氷の世界というイメージが強いが、生態系は意外とにぎやかなのだ。

＊

南極の平和利用を目的として、1961年6月23日、南極条約が発効され、5つの取り決めがなされた。

①南極地域の平和的利用（軍事基地の建設、軍事演習の実施等の禁止）、②科学的調査の自由と国際協力の促進、③南極地域における領土権主張の凍結、④条約の遵守を確保するための監視員制度の設定、⑤南極地域に関する共通の利害関係のある事項について協議し、条約の原則及び目的を助長するための措置を立案する会合を開催することがそれだ。

日本は南極条約の原署名国であり、1960年8月4日に締結して以来、南極条約協議国の一員としての責務を果たしている。当初南極条約は30年の期限で発効されたが、その後延長され、2016年2月現在、53カ国が加盟している。

南極の環境と生態系を保護することを目的として、1998年には環境保護に関する南極条約議定書も発効された。日本では「南極地域の環境の保護に関する法律」（南極環境保護法）を制定。漁業など特定の活動を除き、南極での全ての活動について、計画の主宰者が環境大臣に確認申請書を提出し、確認を受けることが義務づけられた。

◉融け出す氷河

南極半島は、地球で温暖化が最も急速に進む地域だ。大陸を支える氷河や永久凍土が、ものすごい勢いで融け出している。50年以上飛行機の滑走路として使われていた氷河に、たくさんの氷の割れ目ができ、中から大量の水が噴き出してきた。それによって滑走路は使えなくなった。2015年3月24日、エスペランサ基地では観測史上最高気温を記録した。

コラム　地球の気温変化

過去100万年間、地球には何度かの氷河期が存在し、寒冷期と間氷期（温暖な期間）が繰り返されてきた。IPCC（気候変動に関する政府間パネル）によれば、一時の急激な気候変動を除けば1800年まで大きな気温変化はほぼなかった（100年間で0.006度程度）。だが、産業革命が本格化する19世紀からの100年間で、地球の気温は0.74度も上昇した。原因は人間の生産活動にともなう温室効果ガス。水問題、異常気象、生態系の悪化など、多くの歪みが生じている。

◉巣からころげ落ちるヒナ

南極には4種のペンギンが繁殖していて、最も生息数が多いのがアデリーペンギンだ。体長69～74cm、体重3.7～6kg。南極大陸沿岸と周辺の島々で繁殖している。近年、急激な気候変動や温暖化によって、彼らの生活が脅かされている。南極の永久凍土が融け始めているのだ。何の前ぶれもなく、凍土の内部から大量の水が噴き出し、平坦だったアデリーペンギンの繁殖地に亀裂が生まれ、傾き、数日で崩落してしまった。そこにいたヒナたちは、巣からころげ落ちて死んでしまった

コラム　永久凍土とは？

土壌に含まれる水分が凍結すると凍土となる。凍土が存在する地帯をツンドラと呼び、夏に表面だけが融けるが地中の凍土は永久的に融解しない。これが永久凍土だ。凍土の深さは気候の影響を受け数ｍ～数百ｍに及ぶ。大気中に存在する2倍の量の炭素が閉じ込められているため、融解すると大量の二酸化炭素とメタンを大気中に放出することになり、地球の温暖化は一層加速する。近年、温暖化により永久凍土が広範囲に融け、シベリアの凍土からマンモスの死骸が大量にみつかっている。

◉オゾンホールと皮膚がん

喉やお腹に腫れものができてしまったアデリーペンギンを発見。2005年、当時イギリスのケンブリッジ大学教授であった、ペンギン研究のエキスパートであるハンター博士へこの写真を送った。すぐに返信があり、紫外線による皮膚がんの可能性が高いとのアドバイスをもらった。オゾンホールを通過して宇宙から降りそそぐ紫外線が遺伝子を損傷させ、発がんの原因となったのだ。ちなみにぼくは、2001年に行われたハンター博士の南極ペンギン調査に40日間にわたって同行し、南極基地に滞在した。

コラム　オゾンホールとは？

オゾンホールとは、上空にあるオゾン層の濃度が異常に低くなり、穴があいたようになる現象をいう。かつてエアコンなどに使われていたフロンガスなどが原因だ。2015年のオゾンホールの最大面積は2780万 km^2で、南極大陸の約2倍。そんな中、米航空宇宙局（NASA）は2015年5月の報告で、オゾンホールが21世紀末までに完全に消滅すると予測した。しかし、このまま過剰な温室効果ガスの排出が止まらなければ、オゾン層への作用は続き、オゾンホールはなくならないとする報告もあるのだ。

◉クジラのエサがなくなる？

10～11月、初夏になるとクジラやペンギンなどの海鳥が、豊富なナンキョクオキアミ（写真上）を食べに南極へやってくる。右の写真は、そんなザトウクジラを収めたものだ。ナンキョクオキアミは海氷の下で成長する植物プランクトンをエサにしているのだが、ここ数十年、温暖化によって海氷がある期間が短くなったために激減した。2015年オーストラリア南極局の発表によれば、海の酸性化が原因で卵も孵化しにくくなっているという。温暖化と海の酸性化の原因である二酸化炭素の排出量が世界規模で削減されなければ、2100年までにナンキョクオキアミは20～70％減少するともみられている。それはクジラやペンギンなどの絶滅を意味する。

◉巨大化するピンクの氷

2008年3月、今までにみたこともない風景がペンギンの生息地に広がっていた。スノーアルジー（雪氷藻類、氷にくらす植物プランクトン）によって南極が色づき、ピンクのお花畑のようになったのだ。スノーアルジーは氷点下だと成長しないので、温暖化の影響と考えられる。さらに、以前は雪原だった所がコケや地衣類、種子植物で埋まってしまい、ゴルフ場と見間違えるほどになった。氷が融けたままの期間は確実に長くなっている。ちなみに、1988年まで雨が降らなかったエスペランサ基地では降雪が減り、代わりに雨が降るようになった。基地の屋根には、今や雨漏り防止用のアスファルトが塗られている。

◉南極海に残るペンギン釜（がま）

南極海の真ん中にある、オーストラリア領マッコォーリー島。毛皮が高値で売れたオットセイ狩りが1810年に始まり、100年以上もの長い間、野生動物の殺戮（さつりく）の時代が続いた。40万頭いたオットセイは10年以内に全て殺され、次に、ゾウアザラシが油を採るために殺された。当時は世界的にまだ石油が普及しておらず、動物油が使われていた。やがて島のゾウアザラシもいなくなり、最後の標的となったのがペンギンだ。1905年がペンギン油生産のピークで、ペンギン釜では1回に2000羽ものペンギンが処理された。1羽から約500mlの油が採れたという。朽（く）ち果てたペンギン釜は、今も島のあちこちに残っている（写真中央上）。

◉ペンギンが毎日通るゴミ山

人間が南極にやってきて、膨大なゴミが捨てられてしまった。このゴミ捨て場は、もともとペンギンの繁殖地だった。海から戻ってきたペンギンを待っているもの、それは古い重機やキャタピラ、針金の塊が積み上げられたゴミの山。そこを通らなければ巣に戻れないペンギンたちが、たくさんいる。ゴミの上を歩いてけがをしてしまったペンギンは、1羽や2羽ではない。中には傷が悪化し、致命傷になることもある。

◉南極観光とナンキョクブナ

地球最後の秘境と言われる南極大陸だが、近年ここに観光客が押し寄せている。南極観光を扱う国際南極旅行業協会（IAATO）によると、1992～1993年に南極を訪れた観光客は6700人だったが、2014～2015年には3万6702人となったそうだ。南極観光の玄関口、南米最南端の港町ウシュアイアでは、観光による景気を当て込んで、職を求める大勢の人たちが流入し、町は手狭になった。彼らの居住のために、隣接する保護された原生林は伐採され、スラムがつくられた。伐採されたのは「ナンキョクブナ」。かつて南極が緑の大陸だった時代（約5000万年前）に生育していた種の生き残りで「生きている化石」（遺存種）だ。

◉ゴミと化した捕鯨基地

閉鎖された南極捕鯨基地が、南極海の島々にたくさん放置されている。そこには無数のドラム缶や鯨油タンク、ボイラー、クジラ解体場が野ざらしにされ、缶やタンクから染み出た油が土壌を汚染していた。「廃棄物」と化したディセプション島の捕鯨基地は、1995年、南極条約の重要文化財71番目に指定された。「史跡」とは名ばかりの、手のつけられない「ゴミ」の永久投棄だ。

コラム　国際捕鯨委員会（IWC）とは？

IWCは現在89カ国が加盟する、捕鯨の管理とクジラ保護に責任を持つ国際機関だ。1946年の国際捕鯨取締条約を遵守すれば参加でき、会費を払えば1票の投票権を持てる。決議は多数決によって採択されるため、捕鯨に反対する国も支持する国も、多くの国の票と支持を得られるよう画策している。IWCは1986年に商業捕鯨を禁止しているが、調査捕鯨を行う日本とアイスランド、日本などにクジラ肉を輸出しているノルウェーなどは現在も捕鯨を続けている。

クジラを引き上げたチェーン

◉「捕鯨オリンピック」とは？

1900年代の初め、世界の主だった捕鯨海域からクジラの姿が消え、捕鯨船団は未開の南極海を目指した。彼らは島々に捕鯨基地を設けて活動した。ノルウェーやイギリスなどが操業を始め、1934年に日本、1936年にパナマ籍のアメリカ捕鯨船団も加わった。年間の捕獲頭数が決められていたために、いかに自国が多く捕るかという競争が起こり、「捕鯨オリンピック」と呼ばれた。各国の捕鯨頭数の合計が制限頭数に達したら捕鯨を停止する、というのがルールだ。これは1959年まで続き、最後の年に日本はトップの成績を収め、2万頭ものクジラを捕獲した。ただ、制限頭数は生息数を考慮しない数字だったので、シロナガスクジラやナガスクジラなどの大型クジラは絶滅が危惧されるまで捕りつくされてしまった。1900年代に合計34万頭もの捕獲記録があったシロナガスクジラは、1978～2001年の南極海の調査で860～2900頭しかいないと報告された。

第4章

北極
Arctic

シロクマや先住民たちがくらす雪と氷の世界。
最も温暖化の影響を受けやすいこの地域を今、
目に見えない汚染がむしばんでいる……。

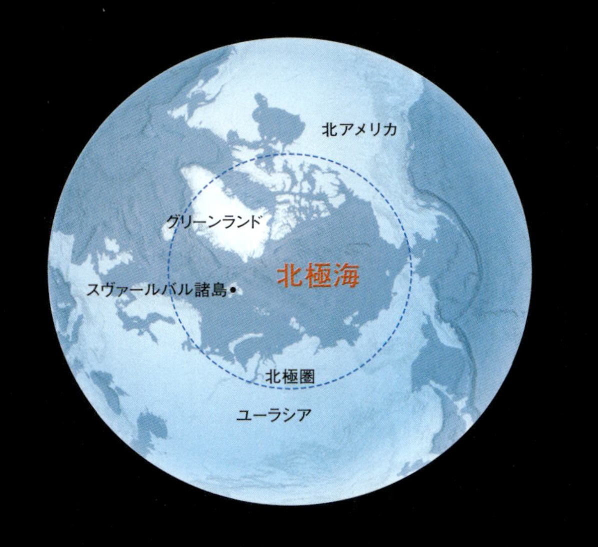

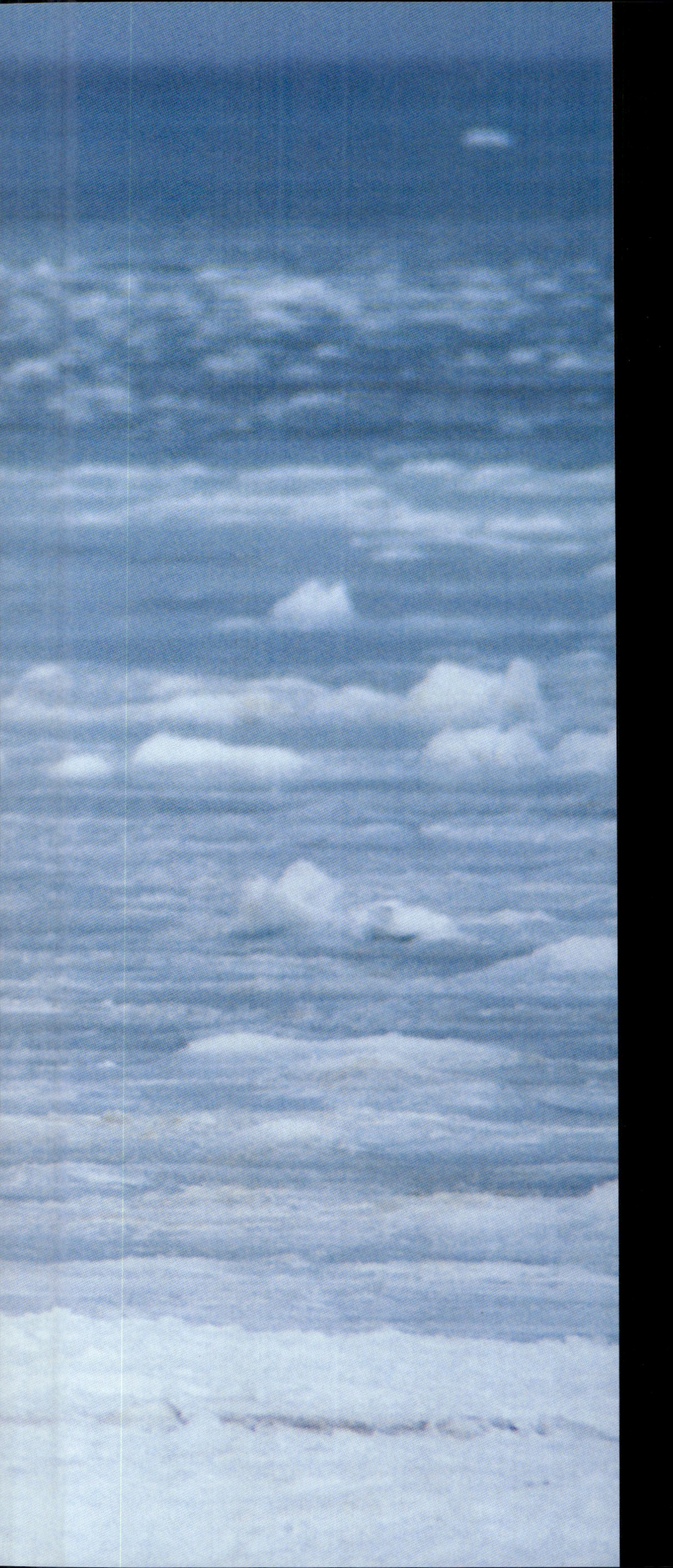

北極とは――。

[位置] この章で扱う「北極」は、北極圏を指す。北緯66度33分39秒以北の地域を北極圏と呼ぶ。北極圏には、北極海を取り巻くように北アメリカ大陸最北部、クイーンエリザベス諸島などの島嶼、世界最大の島グリーンランドの大部分、スカンジナビア半島北部、ユーラシア大陸にあるシベリア北部が含まれる。

[面積] 約2000万km^2。北極圏の円周は1万7662km（日本の約53倍。陸地と海洋の合計。北極海は1400万km^{2}で全体の70%を占める）

[人口] 約70万人

[気候]・最低気温　−71度（ロシア、オイミヤコン　1926年1月26日）
・最高気温　32度（ロシア、ノリリスク　2013年7月21日）
・年間降水量（平均）　ニーオルスン観測基地385mm
・日照時間　北極圏では真冬に極夜、真夏に白夜となる。北緯70度付近にあるロシアのムルマンスクやアラスカのノース・スロープでは5月20日頃～7月20日頃まで白夜が続き、11月20日頃～1月20日頃まで極夜が続く。北極点では、春分から秋分まで連続して白夜、秋分から春分まで連続して極夜が起きる。

[植物帯] 氷雪地域（グリーンランドなど）、ツンドラ（カナダ北部の北極諸島やロシア北部、スヴァールバル諸島など）

[地形] 北極は南極のような大陸がなく、グリーンランドやスヴァールバル諸島などの島々を除けば、北極海の海や海氷が広がっている。冬の北極の氷の厚さは最大で10mほど。

[絶滅が心配される主な生物] ほ乳類：ホッキョクグマ、セイウチ、トナカイ、タイリクオオカミ、ホッキョククジラ、イッカク、ベルーガ、セミクジラ、ザトウクジラ、シロナガスクジラ、イワシクジラ、ナガスクジラ、ズキンアザラシなど
鳥類：オオハシウミガラス、エスキモーコシャクシギ、コオバシギ、オオソリハシシギ、トウネンなど
植物：スヴァールバルキンポウゲ、スヴァールバルポピーなど

[環境問題] 温暖化、オゾンホール、永久凍土の融解、メタンガス放出、外来種や病原菌の侵入、食物連鎖の激変、ゴミ問題、土壌汚染、大気汚染、海洋汚染、乱獲、基地や観光による生息地の破壊、海難事故による油汚染。

地球に残された最後の楽園とは、どこなのだろう。そのひとつは、間違いなく北極だ。北極海の面積は1400万km^2、一年中氷で閉ざされた広大な海が広がっている。氷の厚さは最大で10mほど。たとえグリーンランドやスヴァールバル諸島のような島々があっても、島のほとんどが氷に覆われ、コケや草はみられても樹木は育たない。だが、そんな苛酷な自然環境でも北極の海は豊かで、たくさんの生きものたちがくらしている。陸でも海の生きものたちをはじめ、限られた陸上の植物を食料に、数多くの動物たちが繁殖しているのだ。

*

1985年、アラスカ・アンカレッジ空港に降り立ったのが、ぼくの最初の北極圏への旅だった。その後、1990年代から本格的に北極に通い始め、たくさんの美しい自然をみてきた。気がつくとカナダ北極諸島やアラスカ、ノルウェー、スヴァー

ホッキョクギツネ

北極の氷が急速に融けている

ルバル諸島、グリーンランドまで訪れていた。

しかし、北極行きはつらいことの連続だ。アザラシとホッキョクグマを求めて、凍った海をスノーモービルでさまよった時を思い出す。出発する午前8時頃、太陽はすでに高くのぼっていたが、遠くにワモンアザラシがみえ始めた昼頃から激しい吹雪となった。気温は－18度。だが、吹雪のため体感温度はさらに低く、－30度以下まで冷え込む。さらに、スノーモービルで飛ばして走ると、－50度にも下がる。カメラがなかなか動かない。カメラを暖めようと、外側の金属部分に素手でさわってしまった。トゲが刺さったような痛みが全身に走る。指の皮が金属に張り付いてはがれてしまった。さらに、フィルムを巻き上げようとしたら、今度はフィルムがカメラの中で切れてしまった。極寒の中では電池の性能が低下してしまい、電池で動くカメラはすぐに役立たなくなってしまった。まつ毛が白く凍り、まぶたが開かなくなりそうになった。最後は呼吸までだんだん苦しくなるありさまだ。

春を迎え、長い冬ごもりから目覚めたホッキョクグマが凍った海を歩き回っていた。何カ月もエサにありつけず、お腹をすかせた数百頭ものホッキョクグマがエサを求めて徘徊していた。ホッキョクグマの主食は、海上の氷の穴から顔を出すアザラシ。穴の横でじっと息を殺して待ち、呼吸のために浮上してきたアザラシを片手の一撃で仕留めるのだ。アザラシたちにとって、春は出産の季節。氷上のあちこちで、生まれたばかりの赤ちゃんアザラシにお乳を与えているシーンをみることができる。ホッキョクグマのあとをひたすらついていく動物もいた。愛くるしい表情を時々レンズ越しにみせてくれるホッキョクギツネだ。ホッキョクグマが仕留めたアザラシのおこぼれをあてにしているのだった。

＊

北極の気候がかなり変だと感じ始めたのは、2000年を過ぎてからだ。いつも撮影を助けてくれるアラスカの友人から「今年は海がいつもより温かいせいか、魚が消えて、南からやってきたクジラたちもいつの間にかいなくなってしまった。せっかく来ても撮影にならないかもしれないよ」、さらに、カナダの友人からは「今年は特に暖かくて流氷の接岸が遅くなりそうだから、ホッキョクグマの飢えも長引きそうだ。きっとアザラシたちが現れるのも遅れるぞ」と、メールが届いた。温暖化が進み、夏に北極海の氷が消えてしまうと、ホッキョクグマやアザラシは生きていけない、と言われている。

北極は、地球に残された数少ない最も汚れを知らない所と思われていた。だが、北極の動物たちの体内に汚染物質が深刻なほど蓄積していることがわかってきた。北極にもともと汚染物質があったわけではない。日本やロシア、カナダなどの南から汚染物質が大気や河川を通じて北極海に蓄積しているのだ。地球規模の汚染を、北極の生きものたちが教えてくれている。

トナカイ

◉失われゆく北極海の氷

北極圏は温暖化の影響が最も顕著(けんちょ)に表れやすい地域で、気温上昇のスピードは世界平均の約2倍だ。気象庁によれば、夏の北極海の海氷面積は35年間で3分の2ほどに減り、2012年9月には観測史上最小の318万km²になった。アメリカ航空宇宙局（NASA）によると、1970年代後半以降、北極の海氷は10年に12％のペースで後退、2007年以降も悪化し続けている。2015年2月には、冬の北極海の海氷面積も観測史上最小を記録した。グリーンランドも状況は同じだ。2005～2010年に年平均で約2290億tの海氷が失われ、地球の海面を年間約0.6mmのペースで押し上げたという報告もある。21世紀中には最大82cm上昇すると言われ、日本では、海面が1m上昇すれば砂浜の9割以上が消失すると予測されている。

コラム　温室効果ガス

人間は石油や石炭などを燃やすことで電気をつくり、社会生活を営んでいる。その際、二酸化炭素、メタンなどの温室効果ガスが大量に排出(はいしゅつ)され、大気中に熱が蓄(たくわ)えられる。中でも化石燃料由来の二酸化炭素の影響力は大きい。吸収源である森林の減少も深刻な問題となっている。

◉ホッキョクグマがいなくなる

温暖化の影響で海が凍らなくなり、海氷上で子育てや狩りをするホッキョクグマが、エサのアザラシを捕まえるのは困難になった。ホッキョクグマは北極圏周辺に生息し、体長200～250cm、オスでは体重600～700kgにも及ぶ。彼らが生息する最南の地、カナダ北部ハドソン湾では、1980年頃に平均290kgを超えていたオスの成獣の体重が、2004年には230kgまで減った。1980年代後半～1990年代前半に65%あった生後1年のホッキョクグマの生存率も、2005～2010年にかけて43%に激減した。2014年1月発行のイギリスの新聞ガーディアンによると、ハドソン湾では1987年に約1200頭いたホッキョクグマが、2013年には約850頭に減ったという。1986年以降、ハドソン湾では氷のない日が1年に約1日ずつ増えていて、2012年には年間143日となった。氷のない日数が160日になると、ホッキョクグマは生き残れないと言われている。

◉10万頭の赤ちゃんアザラシの死

タテゴトアザラシは、北極海のグリーンランド沿岸を含めた大西洋側に生息している。体長160～180cm、体重120～135kg。毎年、数十万頭のタテゴトアザラシが出産のためにカナダ東部のセントローレンス湾にやってくる。しかし近年、かつて湾を埋め尽くすほどあった流氷が、激減している。流氷の上で出産するタテゴトアザラシにとって死活問題だ。氷も薄く、流氷が大西洋に移動する時期も早まっているため、まだ泳ぎを覚えていない生まれたばかりの赤ちゃんが、海で溺(おぼ)れ死んでいる。2007年、溺死(できし)した赤ちゃんの数が10万頭以上になったと報告された。また、歴史的にみると、タテゴトアザラシの狩猟が北極圏一帯でずっと行われてきた。グリーンランドとカナダ北極圏を合わせて、年間20万頭以上ものタテゴトアザラシが、今も商業目的で殺されている。

◉流れ着く汚染物質

ユーラシア大陸を流れる河川から、北極海のある島に流れ着いた流木。北極には本来、樹木は生育していない。大陸からは工業や農業による排水など、汚染物質も流れ着いている。この流木には、かつて日本でも畑や田んぼで使われていたDDTと呼ばれる農薬、有機水銀やダイオキシン、殺菌剤、PCB（ポリ塩化ビフェニル）などの残留性有機汚染物質が染み込んでいた。海に流れ込んだ有害な汚染物質は、流木だけでなく、海の小さな生きものたちの体に入り、それを食べる魚の体内にまでたまっていく。そして、その魚を最終的に食べるのはアザラシやぼくたち人間だ。

コラム　日本の公害の歴史

1950～1960年代に高度成長期に突入した戦後日本。環境に配慮しない企業活動により、多くの人が健康被害に苦しんだ。四大公害病（水俣病、新潟水俣病、イタイイタイ病、四日市ぜんそく）が有名だ。日本では公害訴訟を経て、環境対策の法整備が進み、排水・排ガス処理などの技術も発達した。今、戦後日本同様に経済成長の最中にある中国などで、公害が重大な社会問題となっている。「公害列島」と呼ばれた日本だからこそ貢献できることがあるはずだ。

セイウチ

アザラシの調査

◉北極スモッグ――アザラシとセイウチの体内汚染

「北極スモッグ」という言葉がある。ヨーロッパやアジア、北米などの工場から出た煤煙(ばいえん)が、北極圏へ向かう風に乗って運ばれてくる。2月から3月にかけて最もひどくなり、極夜が明ける2月には、太陽がのぼってもスモッグのせいで光がさえぎられるほどだ。北半球から流れ込む煤煙には、生きものに害を及ぼす残留性有機汚染物質や鉛(なまり)、ヒ素、マンガンなどの金属も含まれている。空気中に停滞(ていたい)している汚染物質は、徐々に雪や雨に混じり、北極の海や陸に降りそそぐ。汚染物質は川からも流れ込んでくるため、海でくらす生きものたちの体内汚染は深刻だ。それを口にするアザラシや人間も無関係ではない。2009年2月、ケニアのナイロビで開かれた国連環境計画（UNEP）の会議で、水銀汚染について話し合われた。そこでは、北極海のアザラシなどの体にたまった水銀は、25年前と比べて4倍も増えたことが報告された。

ワモンアザラシの皮

◉アザラシの生肉を食べる先住民

北極圏で生活する先住民は、アザラシの生肉や魚を主な食事としてずっと昔から食べてきた。そして彼らも、野生生物と同様に汚染から逃れられない。先住民の体内からも、ホッキョクグマやアザラシと同程度の汚染物質がみつかっている。先住民の母乳からは、とても高い値の汚染物質が検出され、ウシやブタや鳥の肉を主に食べる白人と比べて、PCBだけでも3倍以上高いことがわかっている。現実は、東京のドブネズミ以上に汚染されている。

コラム　追いやられる先住民

国連によれば、世界70カ国に3億7000万人以上の先住民がいるという。彼らの多くは生活を先祖代々の土地に依存(いぞん)しているため、先進諸国の開発の影響を受けやすい。一方的に土地を追い出され、資源や文化を奪(うば)われてきた。2007年、国連で彼らの政治的、経済的、社会的、文化的自由を追求する権利がうたわれたが、言語や文化の差異などもあり、十分に守られてはいない。

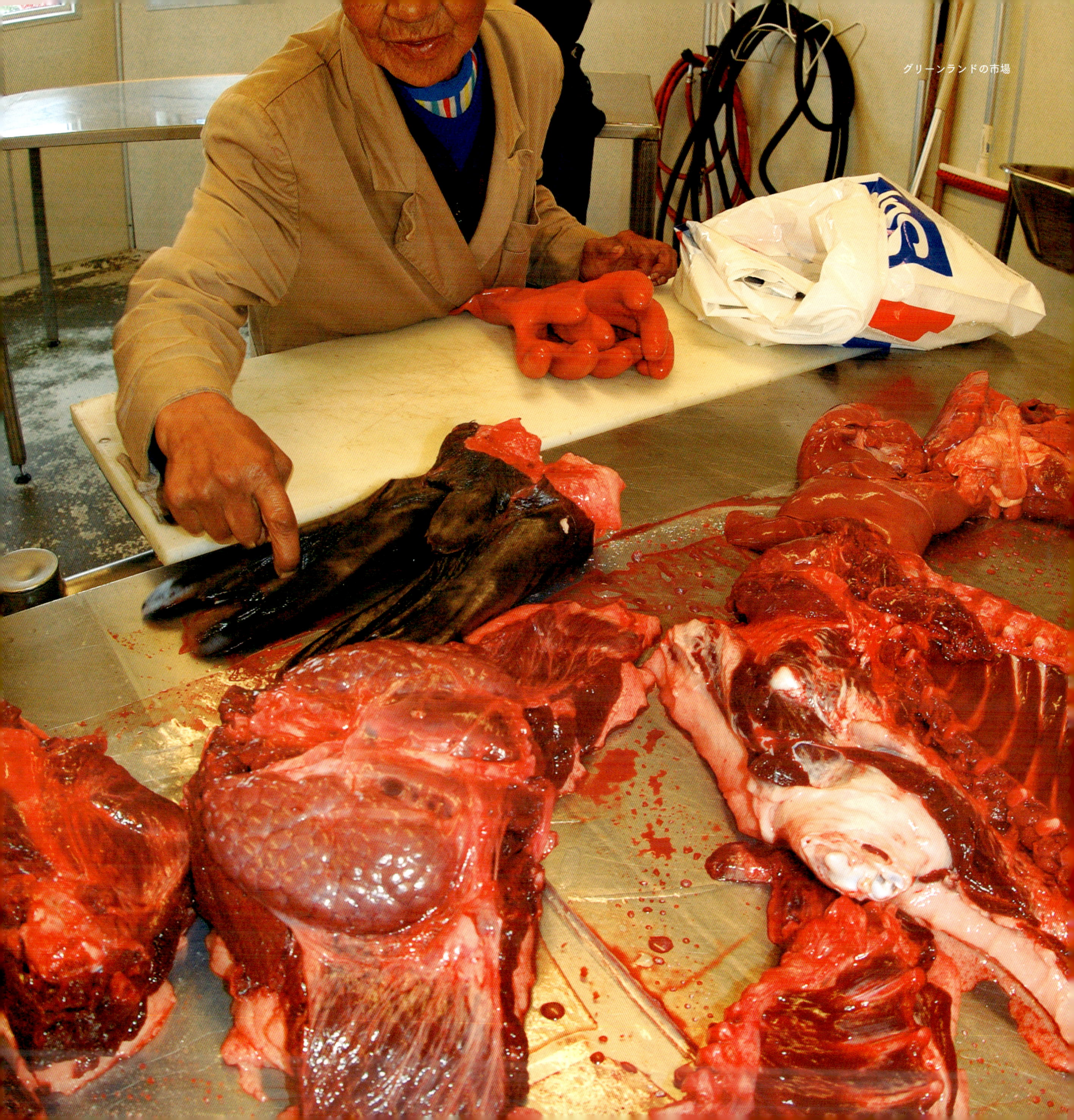

グリーンランドの市場

◉ライチョウと地球温暖化

ライチョウは、北極圏と亜寒帯を中心に広く分布している。日本では南北アルプスなどの高山に生息する。体長約37cmで体重400~600g。夏はまだら模様の夏羽に、冬は純白の冬羽になる。ライチョウは、1万年前に終わった前回の氷河期に、氷河が南進したことにともない南にも広く分布するようになった。だが、氷河期が終わり温暖になると、生息地が北上したため南方の集団が高山に取り残されてしまった。それが日本や中国、ヨーロッパの山にも分布する理由である。これを氷河遺存種と呼ぶ。ライチョウの中でも、最南端に分布する亜種が日本のライチョウだ。彼らの生息を脅かす要因に、地球温暖化の影響によってキツネやカラスなどの捕食者が、高山へ分布を急速に拡大したことがあげられる。ニホンジカやニホンザルなども侵入し、エサである高山植物が食べられている。1980年代、個体数は推定約3000羽とされたが、2000年代には2000羽弱に減少したとみられる。日本の環境省レッドリストでは、絶滅危惧IB類に登録されている。

◉『ハリー・ポッター』で有名なフクロウの危機

シロフクロウは、映画『ハリー・ポッター』に郵便屋さんとして登場し、その気品に満ちた美しい風貌から一躍有名になった。生息する北極圏では、最大の猛禽類である。体長55～70cmで翼を広げると125～150cmになり、体重は1.6～3kg。先住民にとっては食料であり、その羽や爪は儀式にも使われるので、伝統的に狩猟されてきた。今ではCITESの附属書Ⅱに登録されている。ところが、映画での人気に便乗して密猟や剝製目的の密輸が摘発されており、とくにアジアでは、目と足が薬として違法に取引されている。さらに、電線との接触による感電死、飛行機や車にぶつかったり、釣糸に絡まったりして死亡する事故が起き、その結果、人間社会と隣接する生息地では個体数が減少している。また、気候変動によって氷床や氷河、永久凍土が融け出すようになっていて、シロフクロウの生息地とエサとなる動物の生態や分布に大きな影響を与えている。

◉増えるジャコウウシ

北アメリカにくらすバイソンは大型ほ乳類として有名だが、北極圏にもバイソンとよく似たほ乳類がいる。その名をジャコウウシという。分類的にはウシに近いバイソンとは異なり、ヒツジやヤギに近い種だ。眼下からジャコウ（香料の一種）の甘いにおいを出すことからその名がついた。カナダ北極圏やアラスカ、グリーンランド周辺のツンドラ地帯に生息し、体長190～230cm、体重200～400kgに及ぶ。歴史的にみると狩猟によって減少した地域もあったが、現在は全体として安定しており、場所によっては増えている所がある。

2004年3月、カナダ北極圏のヴィクトリア島を訪れた。民家の玄関に、ジャコウウシの切り落とされた頭が置かれていた。先住民にとっては、冬を乗りきるための貴重なタンパク源だ。「ジャコウウシがすごく増えている」と、先住民たちが言っていたので、島の奥地へ調査に出かけると、いつもなら雪と氷で閉ざされた大地で、岩や土が露出し、コケも生い茂っていた。冬でもコケが簡単に食べられるようになったのが、増加の原因だそうだ。

人類発祥の地と言われる広大な大陸で
横行する野生動物の密猟と生息地の破壊。
太古の風景は今、急速に失われつつある。

アフリカ大陸とは——。

[位置] この章で扱う「アフリカ大陸」とは、アフリカ大陸のみならず大陸東側のインド洋にある島国マダガスカル、モーリシャス、セーシェル、西側の大西洋にあるカーボヴェルデなども含む。

[面積] 3004万6243km^2（日本の約80倍。大陸、その他の島国を含む陸地の合計で、海洋は含まない）

[人口] 11億4292万人

[気候]・最低気温　−23.9度（モロッコ、イフレン　1935年2月）
・最高気温　55.0度（チュニジア、ケビリ　1931年7月）
・年間降水量（平均）　カイロ（エジプト）24.7mm、ナイロビ（ケニア）1024mm、ドゥアラ（カメルーン）3603mm、ケープタウン（南アフリカ）515mm

[植物帯] 砂漠（サハラ、ナミブ）、熱帯雨林（ギニアから中央アフリカにかけて）、雨緑林（コンゴ、ザンビア、アンゴラなど）、サバナ（ケニア、タンザニアなど）、硬葉樹林（北部の地中海沿岸、南アフリカ南部）

[地形] アフリカ大陸の平均標高は約600m。世界最大の砂漠、サハラ砂漠がある。大陸東北部を流れるナイル川は世界で2番目に長い川だ（2016年時点の1位はアマゾン河）。

[絶滅が心配される主な生物] ほ乳類：ライオン、アフリカゾウ、チーター、カバ、シロサイ、クロサイ、グレビーシマウマ、ゴリラ、マンドリル、ヴェローシファカ、ワオキツネザル、アイアイなど
鳥類：カンムリヅル、ヘビクイワシ、ケープハゲワシ、アフリカンペンギン、ワキアカカイツブリ、ハシビロコウ、ホオアカトキなど
は虫類：ニシアフリカコビトワニ、アルダブラゾウガメ、ホウシャガメ、ホシヤブガメ、エジプトリクガメなど
両生類：ゴライアスガエル、トマトガエル、マダガスカルキンイロガエル、ゴシキスキアシヒメアマガエルなど
植物：バオバブ、ドラゴンツリー、キソウテンガイなど

[環境問題] 温暖化、砂漠化、外来種や病原菌の侵入、食物連鎖の激変、ゴミ問題、土壌汚染、大気汚染、海洋汚染、乱獲、住民や観光による生息地の破壊、海の油汚染、人口爆発、貧困問題、熱帯伝染病の南下。

2億年前、南半球にゴンドワナ大陸が存在した。それはオーストラリア、南米、アフリカ、インド、南極などが結びついた巨大な超大陸だった。

バオバブ並木

それが1億6000万年前のジュラ紀後期に分裂を始め、南米とアフリカが合体した大陸と、合体したマダガスカルとインドが南極から分離し、北に向かい始めた。その後、大西洋の出現とともに、結びついていた南米・アフリカ両大陸が東西に分裂していったのだ。現在、南米とアフリカには4億年前に祖先が出現した、古代魚として知られるハイギョが生息しており、かつて2つの大陸が一緒だったことを物語っている。さらに8000万年前の白亜紀後期に、北に移動を続けていたインドからマダガスカル島が分離。インドはその後アジアに衝突し、そのエネルギーでヒマラヤ山脈をつくり上げた。

このように、アフリカ大陸とマダガスカルの生物は、気の遠くなるような長い間孤立して、独自に進化してきた。特にマダガスカルの生物は、近くのアフリカだけではなく、インドや東南アジアの特徴も備えている。

*

また、アフリカと聞くと砂漠をイメージする人も多いだろう。かのサハラ砂漠は、大陸の約3分の1を占める。それはアメリカ合衆国とほぼ同じ面積だ。現在、サハラ南縁部は世界で最も砂漠化が進行している地域とされ、国連環境計画（UNEP）の調査では、南側だけでも毎年最低150万 ha も広がっていると報告されている。

砂漠化の原因のひとつとして、人間による過剰な放牧や薪、木炭材の行き過ぎた採取による植生の破壊があげられる。地下水の過剰な汲み上げや不適切な利用により、耕作地に塩類がたまってしまっていることも原因だ。背景には、砂漠といえども急激な人口の増加と貧困の拡大がある。むしろ砂漠化は、さらに新たな貧困を生み出しているのだ。

マダガスカルの伐採風景

人口爆発を迎えたアフリカ

*

一方で、森林破壊も深刻な問題となっている。アフリカの家庭で使われる燃料の90%は、薪や炭などの木質燃料だ（ちなみに、世界の木材需要の約半分は燃料としての利用である）。薪や木炭の利用を大きく増大させているのは、人口の急増である。

さらに、貧困をしのぐために行われる森の伐採が、日常的に行われている。森で手に入れた薪や木炭は、家庭で使う分以外は道端や市場で売られ、貴重な現金収入となっている。アフリカでは人口の増加が原因で、2000年の木材消費は1965年と比べて倍増した。

森の破壊は、森でくらす様々な生きものたちの死を意味する。保護されているはずの多くの野生動物たちは、絶滅の危機にある。生息地を失っただけでなく、食用や牙、毛皮、伝統薬目的で、密猟が当然のように行われているのだ。

*

「人口爆発」という言葉があるが、アフリカでは現在、毎年約2000万人が新たに生まれているとされる。人間が増えた分、その食料のために森はさらに切られ、農地へとかえられてきた。その農地ですら栄養豊かな土壌は少なく、簡単に雨で流されてしまい、最後には荒地が残るだけだ。

国連は、2100年に世界人口が112億1332万人に達し、このうち39億3483万人はサハラ砂漠以南のアフリカが占めると予測した。人類の実に3人に1人は、アフリカ人になるということだ。少子高齢化に苦しむ日本とは対照的に、アフリカは今、人類史上空前の人口爆発時代を迎えている。

◉ライオンは動物園にしかいなくなる？

およそ50年前、野生のライオンはアフリカに45万頭生息していたとされる。現在は2万頭にまで激減してしまった。アフリカライオンは、かつて熱帯雨林を除くサハラ砂漠以南のアフリカ全土に生息していた。10年前の調査では86カ所の分断された地域で生存が確認されたが、それはもともとの生息面積の22％に過ぎない。今やそれも8％にまで減少している。人口増加によってライオンの生息地が減少し、同時に獲物（えもの）も減った。人間や家畜（かちく）に危害を加えるとして殺され、伝統的な食用・薬目的での密猟も続く。地域によってはイヌからの感染症も深刻な問題である。このままの状態が続けば、いずれ野生のライオンは絶滅し、動物園でしかみられなくなるだろう。

◉ペットのために密猟される絶滅寸前のトカゲ

オオヨロイトカゲは、南アフリカ東部のハイベルト・グラスランドだけに生息する固有種で、全長は最大40cm。開発による生息地の草原の破壊、ペット用の密猟などで生息数が減少し、1994年、IUCNにより絶滅危惧種に登録された。
絶滅が心配される種の国際取引に関するCITESの附属書Ⅱに掲載されるが、野生で捕獲された個体がドイツやアメリカ、日本にも違法な許可証をつけて輸出されている。UNEPの報告では、2004〜2014年にかけて、日本に157匹、ドイツに145匹、アメリカに125匹が生きたまま輸入された。ほとんどが南アフリカからだが、輸出証明書には人工繁殖させた個体という記載があった。しかし、調査によれば南アフリカに人工飼育が可能な施設はない。2009年にモザンビークから日本に輸出された50匹については、約半数が自然からの採取だと記載されたが、そもそもこの国にオオヨロイトカゲはいないのだ。

◉害獣(がいじゅう)となったチーター

チーターは地上最速の動物で、時速100kmを超えるスピードで走る。体長は120～150cm、サハラ砂漠以南の熱帯雨林を除く地域に広く分布する。かつてはアフリカ、ヨーロッパ、アジアにかけて100万頭は生息していたと言われる。1900年代には10万頭いたが、2000年には1万頭を切り、現在は6000～7000頭しかいないと推定される。ちなみに、アジアチーターはわずか60～100頭しか生き残っていない。古代エジプト、インド、ヨーロッパなどでは、飼い馴(な)らしたチーターを狩猟(しゅりょう)に用いていた。それらの地域では野生のチーターは絶滅している。近年、人口増加にともない、生息地が農地や家畜の農牧地にかえられ、チーターの獲物は減少し、家畜を襲(おそ)う被害が多発している。チーターは害獣とみなされ、駆除(くじょ)されているのだ。毛皮も高値で取引され、ヨーロッパやアジアなどに大きな需要がある。保護区でさえも密猟が行われている理由が、そこにある。

◉毎年3万頭のゾウが殺されている——象牙目的の密猟と違法輸出、闇取引

アフリカゾウは、現存する最大の陸上生物で、大きなものでは肩までの高さが4m近く、体重は最大12tにもなる。サバンナにすむサバンナゾウと、森林にすむ小型のシンリンゾウ（マルミミゾウ）に分類されることがある。1920年代には300万～500万頭生息していたが、1980年代になると134万頭にまで減り、現在は47万～69万頭とみられている。1989年にCITESで国際取引が禁止されたが、中国やタイなどで象牙は高値で取引

が2013年3月にまとめた。生息国で確認されたゾウの死骸のうち、2011年、密猟で殺されたとみられるゾウの比率は2005年の24％から70％にまで上昇。密輸事件の摘発も増えており、ケニア、南アフリカ、タンザニアなどから東南アジア諸国を経て、タイと中国に運ばれるケースが多かった。象牙の供給目的で毎年2万5000～3万頭のアフリカゾウが密猟されている。密猟はアジアゾウにも及んでおり、ゾウの個体数そのものが

◉牙を失ったアフリカゾウ

伐採を免(まぬか)れた森でくらすゾウの撮影(さつえい)のために、3年間南アフリカに通った。かつてイースタンケープ地方には、数十万頭ものアフリカゾウが生息していたという。17世紀後半、ヨーロッパから移住してきた人間によって、象牙目的の乱獲が始まった。アフリカゾウは人を襲い、農地を荒らす害獣とみなされ、食用の狩猟も続き生息数は激減した。20世紀の初めまでには、わずか18頭を残すまでになってしまった。

罪滅(つみほろ)ぼしのごとく、彼らは手厚く保護された。国立公園がつくられ、そこで世代をつなぎ、現在は800頭以上にまで回復している。だが、最後に残されたゾウたちには牙がなく、近い仲間同士で交配してきたせいか、子孫のゾウたちにも牙は生えてこなかった。問題を解決すべく、2004年に大きな牙を持つオスのゾウがクルーガー国立公園から導入された。今は牙のある子ゾウが増えつつある。

保護区で角を切り落とされたミナミシロサイ

◉サイの角と薬

かつてアフリカに広く生息していたクロサイとシロサイ。現在、クロサイは東アフリカと南アフリカに限定され、シロサイは中央アフリカから南アフリカにかけての分断された地域でのみ生息している。1960年代に10万頭いたクロサイは、東アフリカを中心に行われた密猟により2410頭にまで激減。大陸南部のミナミシロサイは、狩猟により19世紀の終わりには100頭以下にまで減少した。同じ頃、大陸中部に2000頭あまり生息していたキタシロサイは、内戦の中で絶滅した。そういった中、ミナミシロサイは南アフリカでの100年に及ぶ手厚い保護により、2万頭にまで回復。クロサイも同じく、南アフリカや東アフリカ諸国の努力により4200頭まで回復している。

しかし、それに水をさすように大陸各地でここ数年、密猟が急増している。南アフリカでは近年、組織的なシロサイの密猟が激化。2010年には333頭が犠牲になった（2009年は122頭）。密猟の背景には、ベトナムや中国などのアジア諸国の存在がある。ケラチン質（髪や爪と同じ成分）からなるサイの角が伝統薬の成分として重宝され、違法であるにもかかわらず、高値で取引されているのだ。近年、摘発逃れのために密猟の手口は巧妙化しており、ヘリコプターや暗視スコープ、消音器などを装備した銃器を駆使し、夜間の警備をかいくぐって行われる。その現状を踏まえ、いくつものサイの保護区や国立公園で、サイの角をあらかじめ切り落とす対抗措置がとられている。

◉エボラ熱で死んでいくゴリラ

◉農薬とツル

世界のツルの中で最も気品ある冠羽を持つのが、ホオジロカンムリヅルだろう。全長約100cm、体重は3～4kg。北海道に生息するタンチョウは全長約120～150cm、体重6～12kgなので比較すると小柄だ。この種がみられるのはサハラ砂漠以南の大陸東部と南部の地域で、特にコンゴ、ルワンダ、ウガンダやケニア、タンザニア、モザンビーク、ジンバブエ、南アフリカに多い。ウガンダでは国鳥に指定され、国旗の中央に描かれる。彼らの生息地は、農地にかえられた。農作物を食べる害鳥とみなされ毒殺されている。生息地付近のダム建設や鉱山開発により、繁殖に必要な湿地も失われている。工場や農地からの排水の流入、農薬などの汚染は深刻だ。体内汚染による繁殖率の低下が危惧される。ペットや動物園などでの需要もあり、卵や成鳥の違法な生け捕りも横行している。1985年には10万羽以上の野生個体が報告されていたが、2004年の調査では5万～6万4000羽に減少。IUCNによって2012年、絶滅危惧種に登録された。

◉害鳥として殺される巨大ワシ

コシジロイヌワシはサハラ砂漠以南のアフリカ、シナイ半島、アラビア半島南部に生息し、全長約84cmにも成長する。家畜を襲うため、農家から害鳥とみなされ殺されている。ちなみに、彼らはコンドルやハゲタカのように死肉を食べることはなく、常に生きた獲物を探している。しかし重要なエサである小型ほ乳類のハイラックスが、食料と毛皮目的で大規模に狩猟されているため、コシジロイヌワシの生息数も減り続けている。

コラム　害獣とは何か

害獣とは人間に危害を加える動物のことだ。日本だと畑を荒らすイノシシやクマ、観光客や民家を襲うサル、ゴミを漁るネズミやカラスなどが身近だろう。外来種がそのまま繁殖して害獣化することもあれば、野生化したペットが害獣になることもある。生息地の破壊、乱獲、餌付けなどにより生態系が乱れ、野生動物の世界が侵食されたことが元凶だ。人間は自ら生み出した害獣を、自ら駆除している。保護動物とされながら害獣とされる動物も多いのが実情だ。

◉絶滅危惧種の野生ヒツジが島を破壊する

バーバリーシープは体高75～112cm、体重100～145kg。オスは長さ約84cmにもなる角を持つ。かつてアフリカ大陸北部からパレスチナにかけての広い地域に分布していたが、現在はスーダン、ニジェール、モーリタニア、モロッコにだけ野生種が生息している。北アフリカのサハラ地域にすむ遊牧民たちにとって、バーバリーシープはとても重要な動物のひとつだ。肉や毛皮、角など様々な部位が生活の場に役立てられている。しかし、近年は人口が増え、需要を満たすための乱獲が続き、絶滅する地域が増えた。バーバリーシープのエサとなる植物も薪として採取され続け、生息地の砂漠化が進み、すめなくなった地域もある。1996年、IUCNにより絶滅危惧種に登録された。バーバリーシープは立派な角があるので、狩りの獲物としても人気が高く、世界の各地域に数多く持ち込まれた。アメリカのいくつかの州ではそのまま野生化したものもいる。ハワイ諸島に持ち込まれたものは島の植物を食い荒らし、生態系に大きなダメージを与えている（写真上）。また、大西洋に浮かぶカナリア諸島のラ・パルマ島の場合、数が増え過ぎてしまい、ハワイ諸島同様に生態系を脅かす状態になり、農作物の被害も出ている。原産地の北アフリカでは絶滅が心配されるバーバリーシープだが、外来種として連れていかれた国々では害獣扱いされてしまっているのだ。

◉観光客を襲うチャクマヒヒ

アフリカ大陸南西部の先端、ケープ半島にある喜望峰に到着。駐車場で、走り回る動物の群れに出合った。ニホンザルよりも大きいチャクマヒヒの群れだ。大陸南部に広く生息し、体長は65～110cm、体重は22～50kg。突然、群れの一頭が、アイスクリームを持った少年を襲い始めた。すばやく背後から肩に飛び乗り、アイスクリームを無理やり奪い、山に逃げ去った。少年は恐怖のあまり放心状態だった。チャクマヒヒが観光客を襲うようになったのには理由がある。

17世紀にヨーロッパから大量の移民がやってきて、森を開拓し牧場や町を築いていった。以前は、何万頭ものチャクマヒヒが、ケープ地方から北へとつながる広大な森にくらし、四季折々の食料を求めて森を群れで移動していた。やがて森が寸断されると、チャクマヒヒは移動ができなくなり、半島に残された小さな森でしかくらせなくなった。今ではわずかに360頭が生きのびているだけだ。食料を求め民家に忍び込んだり、観光客の食べ物を奪ったりすることが日常茶飯事になった。みかねた公園管理局は定期的に間引きをするようになり、住宅地ではチャクマヒヒたちが交通事故や感電により死亡するケースが増えている。害獣として銃殺、ときには毒殺され、実験用やペット用、伝統医療の薬として活用するための密猟も続く。ケープ半島に隔離されたチャクマヒヒの集団は、10年以内に絶滅に直面すると考えられている。アフリカの野生動物であっても、人間との共存を余儀なくされ、管理されることでしか生存を許されない現実がある。

◎毎日救助される油まみれのペンギン

アフリカンペンギンはアフリカに生息する唯一のペンギンで、ナミビア南部から南アフリカの沿岸にかけて分布している。体長は68～72cm、体重は2.4～4kg。南アフリカのダーセン島はかつて、アフリカンペンギンの一大繁殖地だった。20世紀初めには約150万羽がくらしていたが、島の沖を航行する船が事故を起こし、漏れ出した油で多くが死亡。乱獲もあり、ダーセン島のペンギンは、80年間でおよそ6万羽まで激減した。

1968年、喜望峰沖のこのタンカー座礁事故をきっかけに、「南アフリカ沿岸鳥保護財団」という国際NPO団体が発足。油まみれのペンギンなど、海鳥を救助する活動を行っている。海難事故に関係なく、年間最低1000羽の油まみれのペンギンが保護されている。油を含んだバラスト水（船底に積む重し）が違法に捨てられているからだ。2000年にIUCNの絶滅危惧種に登録され、2010年には野生での絶滅の危機がより高まったとして、絶滅危惧ⅠB類に移行。ナミビアを含めても現在の全個体数は7万5000～8万羽のみだ。

垂直に伸びる枝をたくさんつけるアロエ・ディコトマ。右と下の種も含め、若木の違法な採取があとを絶たない

パチポディアム・ナマクアナム。丘の上に立つ姿が人間のように見えるため「半人間」とも呼ばれる

葉が肉厚なアロエ・ピランシ。残存数は200株にも満たない

◉固有植物の違法採取

大陸最南端の南アフリカ。ケープタウンから西海岸に沿って北上すること500km、ナマクワランドはある。国境を越えてナミビアまで広がる、年間降水量わずか150mmの不毛の地に、春を迎える9月の10日間にしかみられない花園がある。植物は4000種にものぼり、その半分以上がここでしかみられない固有種だ。しかし、地下水を汲み上げることで人が住めるようになり、家畜のウシやヒツジ、ヤギ、ロバの放牧が拡大。家畜が植物の芽や花、幹を食べつくし、花園の景色を変えてしまった。都市から持ち込まれる廃棄物や大気汚染も、生態系に深刻な打撃を与えている。植物コレクターたちによる希少種の違法採取も、絶滅への決定打となっている。

86頁の3種は、この乾燥地帯を代表する植物で、独自に進化をとげてきた。どれも巨木に成長する、多年生の多肉植物である。種子や芽生え、若木の違法採取が横行し、国内外で取引されている。

◉巨鳥エレファント・バードの死

「この卵を買ってくれませんか？」今までみたこともない巨大な卵を抱いているマダガスカルの少女に声をかけられた。ビーチで拾った卵の破片を、ジグソーパズルのように集めてつくったのだという。卵の主はエピオルニス（別名エレファント・バード）で、空を飛ぶことができない地上を走る巨鳥だ。体高は3～3.4mもあり、体重は400～500kg。史上最も重い鳥で、卵の長さも33㎝（鶏卵（けいらん）180～200個分）になるが、すでに絶滅していた。この巨鳥が生きていた時代、人間は貴重な食料として狩猟を行い、卵の殻（から）は水がめとして使っていたという。

2000年ほど前、初めて人間がやってきた。さらに、5世紀にはアジアからの移住が始まった。狩猟や森林の伐採、持ち込まれた家禽（かきん）（肉・卵・羽毛用に飼育される鳥の総称）の病気などによって島の環境が変化し、生息数が減少。17世紀または18世紀には絶滅してしまったと言われている（1840年頃まで生存していたとする説もある）。

◉サルが毒を食べる

マダガスカル南部のベレンティ動物保護区にはカメレオンなどのは虫類と原猿類であるサルの仲間、さらに100種ほどの野鳥が生息している。その保護区で、毛が生えかわる季節でもないのに毛が抜けた、病気のようなワオキツネザルを頻繁にみかけた。メキシコ原産の低木ギンネムが、家畜用のエサとして持ち込まれたのだ。ウシなどの反すう動物にとっては栄養価が高いのだが、エサが少ない冬に、ワオキツネザルが空腹のあまり口にしてしまう。ギンネムに含まれる毒性のあるミモシンが代謝を阻害し、毛が抜けてしまうのだ。寒さへの抵抗力が弱まり、死亡率も高まっている。

ワオキツネザルは体長35～45cmで尾の長さは60cmほど、体重は3～3.5kg。マダガスカルの固有種だ。ギンネムの問題だけではなく、生息地の激減や食肉目的の密猟も横行しているため、野生での絶滅の危険性が高いとして、2014年にIUCNによって絶滅危惧IB類に登録された。

◉横跳びシファカの悲しみ

かわいらしく横跳びで走る姿が人気のヴェローシファカ。マダガスカル固有種で、体長43～50cm、体重3.4kgほど。実は地上を走るのがかなり苦手で、数歩進むと座って休んでしまう。この地が原生林で覆われていた時代には、木々を移動するだけで季節の食べ物がみつかる森に移動できた。今では森が消え、隣の森に行くにも慣れない地上を遠くまで移動しなくてはならない。シファカの走る姿は「泳げない人が溺れているよう」と言われるくらい痛々しい光景なのだ。
畑や放牧用の草原をつくるために生息地の森が燃やされ、薪や木炭をつくるための伐採で木々が失われている。持続可能とは言えない違法で大規模な狩猟もされている。過去52年間で生息数が50%以上も減少。1990年、IUCNの絶滅危惧種に登録され、その後2014年、野生での絶滅の危機がより高まったとして絶滅危惧IB類に移された。

◉バオバブの未来

樹齢数百年から千年もの巨木、バオバブが道の両側に並ぶ風景は壮観だ。だが、この風景は、森を焼き払ったあとにできあがった人工的なもの。畑や水田をつくるために、人間は樹木が生い茂る原生林を焼き払った。ほとんどの樹木が黒焦げになって死んでいく中、バオバブだけは幹に水分をたくさん蓄えていたので、樹皮が焼けただれても生き残った。そうやってバオバブ並木は完成したのだ。バオバブの森や並木を観察して、不思議に思うことがある。地上で発芽や若木に出会うことがなかったのだ。バオバブの木の実を食べる大型のキツネザルが、かつてマダガスカルにいたと言われ、一説によれば彼らこそバオバブとともに進化し、硬い実を食べて土壌にフンと一緒に種子を落としていた。しかし、彼らは移住してきた人間によって狩猟され、生息地が破壊され絶滅したという。バオバブは、自然の発芽プロセスのひとつを失ってしまったのだ。さらに、今では並木の周りでウシの放牧が行われ、例えバオバブの発芽が起きても、すぐに食べられてしまっている。

◉マダガスカルの森がなくなる

マダガスカルの風景。バオバブ並木近くで、直径1kmにもなるサトウキビの円形農場が30以上も操業している。1982年から政府主導で始まった農場経営は、2001年に中国企業との合弁に切り替わった。巨大なスプリンクラーが円を描いてひっきりなしに水をまく。ここにはかつてたくさんのバオバブが生育していたはずだ。その証拠に円と円のすきまに、バオバブがいくつも生き残っている。しかし、農民が自分の水田に水を引こうと農園の水路を壊し、あたりが水浸しになってバオバブを枯らしてしまっている。バオバブは本来、乾燥した森で生きてきた植物なのだ。このままでは、バオバブ並木もあと数十年で消え去ってしまうのではないかと心配されている。

プロペラ機からみえた広大な幾何学模様は、ヨーロッパ人による植民地時代に、原生林を切り開いてつくられたサイザル麻のプランテーションだった。その一画にわずかに残された森が、動物保護区となっている。プランテーションの総面積は2万5000ha（東京ドームの5350倍）に及ぶが、動物保護区はわずか250haにすぎない

東部の森を切り裂き、総延長270kmものパイプライン建設が始まっていた。マダガスカルは希少な地下資源に恵まれ、日本の商社などの外資系企業が積極的に開発に乗り出している。分断された森は、野生動物たちの往来を困難にしている

NATURE's PLANET 作成

◉『不思議の国のアリス』に登場するドードーの絶滅

生物学者によると、ドードーの祖先はかつてアジアでくらしていたハトの仲間で、はるか昔にモーリシャス島に飛んできたという。その後、天敵がいなかった島で空を飛ぶことを捨て、地上を巨体で歩き回る独自の進化をとげた。体高約1m、体重10.6～21.1kg。1598年、オランダ艦隊(かんたい)が島にやってきて、初めてドードーの存在がヨーロッパに伝えられた。それ以降、ヨーロッパからの入植が始まり、ドードーは空を飛べず人間への警戒心(けいかいしん)もなかったのが災いし、食料として乱獲された。生息地の森も破壊され、サトウキビなどの農地にかえられていった。人間が持ち込んだ外来種（ネズミ、ブタ、イヌ）による卵やヒナの捕食(ほしょく)も続き1681年に目撃されたのを最後に、野生のドードーは絶滅した。ヨーロッパ各国で見世物にされていたドードーも死に絶えた。ちなみに、1865年刊行のルイス・キャロル『不思議の国のアリス』にはドードーが出てくる。しかし、ドードーは200年近く前に絶滅していたので、作者は彼らがヨーロッパに連れてこられた時代の絵画や剝製(はくせい)を見てインスピレーションを得ていたという。

山のふもとに広がるサトウキビ畑

1773年のモーリシャス島（緑色は原生林）

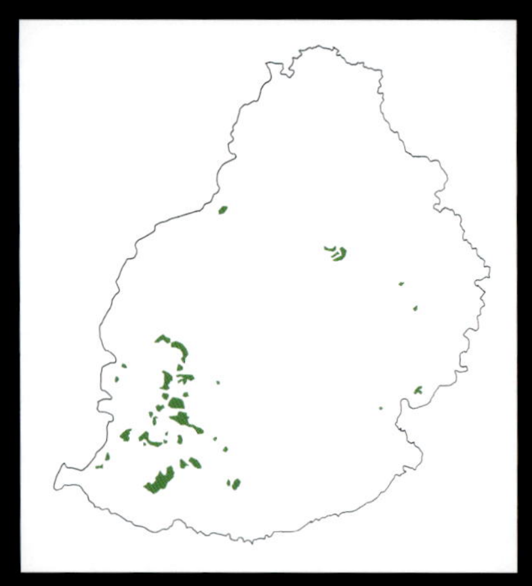

1997年

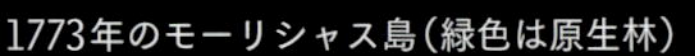

◎かつてモーリシャスにあった風景

これまでに、およそ100種のモーリシャス島固有の植物と動物が絶滅している。絶滅の最初の兆候は17世紀にみられる。ヨーロッパからやってきた航海者の拠点として島が利用されるようになり、食料として島固有の野生動物、ドードーやゾウガメの乱獲が始まった。野生動物が生息する森も急速に破壊された。
1732～1771年の間に、ロドリゲス島（モーリシャス島の東）だけで28万頭のゾウガメが殺された。ゾウガメはエサなしでも最低1年生きられるので、生きたまま船に積み込まれた。また、ゾウガメの肉は人間だけでなく家畜のブタのエサとしても使われ、油や脂肪(しぼう)は燃料や灯(あか)り用として重宝された。ブタと同じく、外来種のネズミやイヌがゾウガメの卵や赤ちゃんを捕食した。1844年に最後の野生のゾウガメがラウンド島（モーリシャス島の北）で目撃されたという記録だけが残っている。

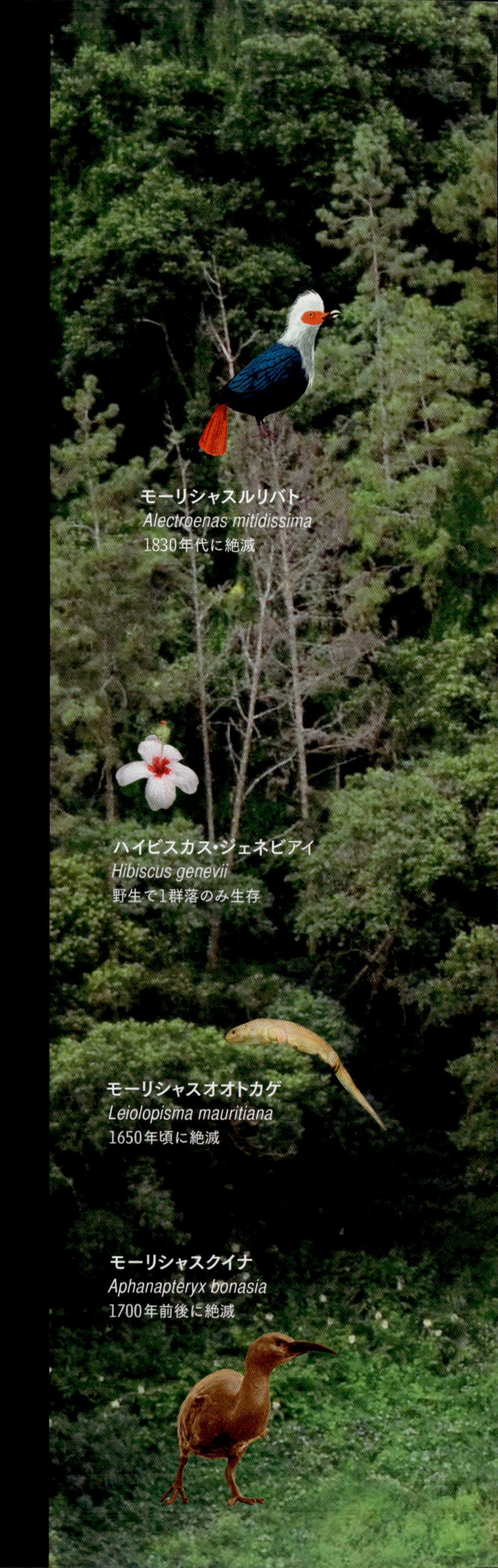

モーリシャスルリバト
Alectroenas mitidissima
1830年代に絶滅

ハイビスカス・ジェネビアイ
Hibiscus genevii
野生で1群落のみ生存

モーリシャスオオトカゲ
Leiolopisma mauritiana
1650年頃に絶滅

モーリシャスクイナ
Aphanapteryx bonasia
1700年前後に絶滅

ヒョウフォルベ・アマリカウリス
Hyophorbe amaricaulis
野生で1株だけ生存
エライオカルパス・ボジェリ
Elaeocarpus bojeri
野生で3株だけ生存
モーリシャスモモイロバト
Nesoenas mayeri
1991年10羽、2011年500羽近くに回復
トゥロチェティア・
ボウトニアナ
Trochetia boutoniana
野生で1群落のみ生存
モーリシャスハシビロオウム
Lophopsittacus mauritianus
1600年代末に絶滅
オチロシア・ボルボニカ
Ochrosia borbonica
野生で50株以下の生存
モーリシャスゾウガメ
Cylindraspis triserrata
1800年代中頃に絶滅
モーリシャスクラガタゾウガメ
Cylindraspis inepta
1800年代中頃に絶滅
タンバラコク
（ドードーの木）
Sideroxylon grandiflorum
野生で数百株のみ生存
ドードー
Raphus cucullatus
1600年代後半に絶滅

第6章

オセアニア

Oceania

広大な大洋に浮かぶ島々で、
自然を脅かすのは人間が連れ込んだ外来種。
際限のない漁業もまた生態系を傷つけている。

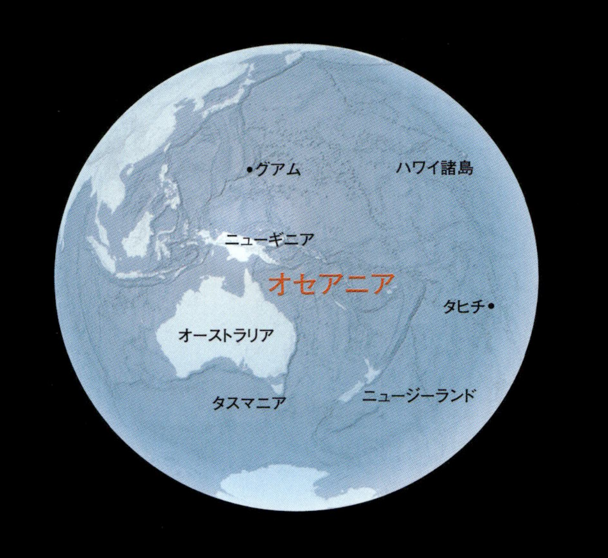

オセアニアとは——。

［**位置**］「オセアニア」とはオーストラリアやニュージーランドだけではなく、タヒチ、ハワイがあるポリネシアとニューギニアやニューカレドニアのメラネシア、そしてグアムやパラオがあるミクロネシアを含んだ広大な地域を指す。

［**面積**］853万7403km²（日本の約22倍。陸地の合計で海洋は含まない）

［**人口**］3873万人

［**気候**］・最低気温　−23.0度（オーストラリア、シャーロットパス　1994年6月）
・最高気温　53.1度（オーストラリア、クロンカリー　1889年1月）
・年間降水量（平均）　アリス・スプリングス（オーストラリア）283mm、ラエ（ニューギニア）4433mm

［**植物帯**］砂漠（オーストラリア砂漠）、温帯常緑広葉樹林（タスマニア、ニュージーランド北島）、熱帯雨林（ニューギニア）、硬葉樹林（オーストラリア南西部）、有刺灌木林（オーストラリア中部）

［**地形**］世界で一番小さな大陸オーストラリア、ニュージーランドやハワイ、ラパ・ヌイを含むポリネシア、その他ほとんどが小さな環礁からなるミクロネシア、やや大きな火山島や標高の高い島々が多数を占めるメラネシアなど、さまざまなタイプの島々が点在。

［**絶滅が心配される主な生物**］ほ乳類：コアラ、キタケバナウォンバット、タスマニアデビル、カモノハシ、ハリモグラ、フクロモグラ、ディブラー、オオフクロネコ、ニシシマバディクートなど
鳥類：ヒクイドリ、カンムリバト、カグー、キーウィ、カカポ、シロアホウドリ、チャタムウ、チャタムミズナギドリなど
は虫類：ムカシトカゲ、スッポンモドキ、ウォマなど
両生類：コロボリーヒキガエルモドキ、キボシトノアメガエルなど
植物：ウォレミマツ、アカシア類32種、バンクシア類8種、ユーカリ類29種など

［**環境問題**］オゾンホール、森林伐採、山火事、温暖化、干ばつ、外来種や病原菌の侵入、食物連鎖の激変、ゴミ問題、土壌汚染、大気汚染、海洋汚染、乱獲、住民や観光による生息地の破壊。

オセアニアの中で最も陸地が広いのはオーストラリア大陸だ。大陸とは呼んでいるけれども、長い間孤立して今に至るので、オセアニアの小さな島々と同様に、たくさ

ウルル（別名エアーズロック）とオーストラリア固有種のバッタ

んの固有の動植物を生み出してきた。島として長い年月を経ている所であれば、メラネシア、ポリネシアでもその島にしかいない固有種がたくさん存在しているのだ。

＊

カンガルーやコアラの赤ちゃんはなぜ、お母さんのお腹の袋に入っているのだろう？　オーストラリアにいる有袋類は、いつどこからやってきたのだろう？　そんな疑問がわいてくる。この大陸のほ乳類はほとんどの種が、数cmほどの未熟な胎児を出産しては、お腹の袋やひだを使い子育てをする。その種類は約140種にも及ぶ。その謎に答えるには、ほ乳類の進化とオーストラリア大陸の誕生の歴史をひもとかなくてはならない。

ほ乳類の誕生は、今から2億4000万年前に始まった中生代の初期で、は虫類の子孫として誕生したと言われる。その

コアラ

頃の地球には1つの大陸、パンゲアだけが存在していた。1億8000万年前頃になると、パンゲアは赤道付近で2つの大陸に分離してゆく。北にわかれた大陸はローラシア、南の大陸はゴンドワナと呼ばれている。さらにゴンドワナ大陸は1億数千万年前頃になると、オーストラリア・南極の塊と、南米・アフリカの塊とに二分されていった。そしておよそ8000万年前に、南極からオーストラリアが離れ、現在のオーストラリア大陸が誕生することになる。

このような大陸移動の中で、一説によると有袋類の祖先は地球上全ての大陸に進出し、進化をとげていったと考えられている。その説を裏付けるように、ヨーロッパやアメリカ大陸で有袋類の化石が多数発見されている。その後、新生代(約6500万年前）に入り、人類の祖先である有胎盤類が進化を遂げ、有袋類を徐々に駆逐していったとされている。だが、8000万年前から孤立して他の大陸と接触がなかったオーストラリア大陸は、有胎盤類の侵入を免れた。オーストラリアとは対照的に、各大陸で生息していた有袋類は衰退し、現在ではアメリカ大陸にわずかながらオポッサム類が細々と生きのびているにすぎない。

*

しかし、オーストラリア大陸にも人間によって有胎盤類が持ち込まれ始めた。約2万5000年前の氷河期、海面が下降してニューギニアとオーストラリアが地続きだった頃に、先住民と一緒に南アジアからイヌのディンゴが大陸に渡ってきたのだ。その後200年ほど前から、ヨーロッパからの移住者とともにイヌ、ネコ、ウサギ、キツネ、ブタ、ラクダ、スイギュウ、ウシ、ヒツジ、シカ、ヤギ、ネズミなどがやってきた。それらは野生化して、オーストラリアのみならずオセアニアの島々の生態系に深刻な打撃を与えている。

*

ヨーロッパから人間がやってくる前は、オーストラリアやニュージーランド、オセアニアの島々には手つかずの原生林が広がっていた。オーストラリアにあるユーカリの古代林と呼ばれる原生林は、生物多様性の点で熱帯雨林を超えている。だが、移住者がやってきてから、農地拡大や都市化にともなう大規模な原生林の伐採が進み、92%の原生林がすでになくなっている。さらに61種の植物が絶滅に、1000種以上の植物が絶滅危惧種に追いやられた。過去400年では、ほ乳類の3種に1種が絶滅している。これは世界で最も絶滅の確率が高い値だ。特にヨーロッパからの移民がオーストラリアに到着してからは、すでに30種のほ乳類が絶滅している。オーストラリアには現在14万7000種の動物が生息しているが、ほ乳類の3分の1は絶滅の恐れがあるのだ。

ちなみにタスマニアでは、日本で大量消費される紙や紙製品のために、大規模な伐採と植林が行われている。これもまた、絶滅の原因と言える。

タスマニアの木材チップ

◉卵を産むほ乳類の危機

もしかするとぼくたちの祖先かもしれない!? は虫類のように卵を産むのに、母乳で子育てをする動物がいる。単孔類（分類上はほ乳類）と呼ばれるカモノハシとハリモグラがそれにあたる。ハリモグラ（写真右）はオーストラリアとニューギニアに生息し、体に鋭いトゲがあるのが特徴。細長いくちばしと特殊な舌でアリやシロアリなどを食べる。体長35〜50cmで体重2〜7kg。人間が連れてきた外来種のキツネやイヌ、ネコによる捕食が深刻な問題となっていて、外来種に寄生する寄生虫も、水場から伝染し死亡率を高めている。

カモノハシ（写真上）はオーストラリアだけに生息する。カモのようなくちばしがその名の由来で、体長は30〜45cm。生息地の河川は、農業用水やダムのために水量が減少してすみづらくなっている。気候変動による干ばつや洪水も発生し、都市排水による富栄養化（河川の栄養分が増え過ぎてしまうこと）や重金属による水質汚染のために、死亡率が高くなっている。エビ漁やカニ漁で使う仕掛け網によって混獲（目的外の生物を漁獲してしまうこと）が発生し、溺死によって生息数が減少している。

◉漁網が絡まったオットセイ

アシカやオットセイ、アザラシの繁殖地は世界的に保護されているが、生息数の減少は止まらない。彼らがエサをとる場所が、人間の漁場と重なっているからだ。
オーストラリアオットセイは、オスのほうが大きく体長200～220cmで、体重220~360kg。彼らの楽園とでもいうべきタスマニア島の繁殖地を取り囲む海に、思いがけない危機が迫っていた。エサを探して海を潜るオットセイを待ち受けるのは、人間が仕掛けた漁網だ。絡まると抜けられず、溺死してしまうオットセイがあとを絶たない。海から繁殖地まで、奇跡的に生還できたある一頭の姿が、ぼくの目に飛び込んできた。漁網が絡まった首から血をにじませ、うつろな目でこちらをじっとながめていた。全長100kmにも達するロープを使う延縄漁や、底引き網漁による混獲、気候変動や人間の漁業を原因としたエサの減少もあり、生息数は年平均で6%ずつ減っている。

◉4kgの巨大ザリガニが消える

タスマニア島の固有種であるジャイアントザリガニ。世界最大の淡水ザリガニで全長90cm、体重4.5kgにもなる。清流にのみ生息できるのだが、森の伐採によって水質が悪化し、絶滅が心配されている。1996年には絶滅危惧種に登録された。密漁もあとを絶たず、気候変動による乾燥や農業用水などによって、生息地はどんどん枯渇している。過去50年間で生息地の70%で減少傾向がみられ、生息数も80%にまで減った。タスマニアでは、毎年サッカー場9500個分の2次林も含んだ森が伐採されている。そのほとんどが木材チップにされ、日本などにも輸出されているのだ。

◉タスマニアデビルの病死

タスマニア島にだけ生息するタスマニアデビル。2008年に絶滅危惧種に登録された。体長52〜80cmほどの彼らが今、次々とむごい姿に変わっている。かわいらしい容姿と裏腹に、どんな動物の肉にでも食らいつく彼らの気性は荒くたくましい。そんな彼らを脅かしているのが、デビル顔面腫瘍性疾患(DFTD)と呼ばれる、めずらしい接触伝染性の皮膚がんだ。1990年代半ばに病気が発見され、急速に被害が拡大した。植林した若木を食べられないようにまかれる薬による、突然変異ではないかとも言われている。彼らはけんかの際、かみつき合うため、がんは次々と感染。病気が発見される前はおよそ15万頭はいたとみられるタスマニアデビルは、あっという間に40%以下にまで減ってしまった。11%まで減少した地域もある。絶滅を恐れた政府は、離れた小島や大陸に、まだ健康な個体を移すことを始めた。タスマニア島でくらす野生のタスマニアデビルの絶滅を、すでに覚悟しているのだ。そういった中、2016年8月末に英科学誌『ネイチャー・コミュニケーションズ』に興味深い研究論文が掲載された。タスマニアデビルは、急速な遺伝子進化を通して絶滅の危機から立ち直る可能性があると発表されたのだ。だが、免疫を獲得した個体が発見されたわけではない。検証が待たれる。

◉ブルーの洗濯バサミを集める鳥

アオアズマヤドリはオーストラリア東部の原生林に生息する固有種で、体長28～34cm。繁殖期になると、オスは小枝などを組み合わせた東屋をつくり、周囲を青いもので飾る習性がある。全てはメスへの求愛のためだ。本来は花びらや鳥の羽、植物の実などで飾っていた。しかし、今では、人工的なものを使うと便利だということを学んでいる。人間の住宅地まで飛んでいき、ブルーのストローや洗濯バサミなどを失敬してくるという、新たな習性を身につけてしまったのだ。日本でも、都市周辺の野鳥が巣材にプラスチックを使うようになったことが報告されている。人間は知らないうちに動物の習性を変えてしまっているのだ。

◉カンガルーはかつて木の上でくらしていた！

地上をぴょんぴょんと走り回るのがカンガルーのイメージだが、キノボリカンガルーは木の上でほとんどの時間を過ごしている。オーストラリア北東部に2種、ニューギニア島の中央山脈に4種生息している。そもそもカンガルーの祖先は1500万年前に出現し、木の上でくらしていた。オーストラリア大陸が徐々に乾燥化し、砂漠に変わっていくにしたがって、木から地上におりて地上の植物を食べるように生態を変化させていったのだ。

祖先の生態をそのまま受けついでいるかのように密林でくらすのが、セスジキノボリカンガルーだ。体長57～62cm、体重6.7～9kg。ニューギニア島のビスマーク山脈とオーエンスタンリー山脈中腹に生息している。以前は低地にも生息していたが、生息地だった森のほとんどが破壊され、コーヒーや米、麦のプランテーションや鉱山にかえられてしまった。野生での絶滅の可能性が高まり、1994年には絶滅危惧種IB類に登録された

◉民家を襲うラクダ

オーストラリアの砂漠で、ラクダが爆発的に増えている。もともと、オーストラリアには1頭もいなかったヒトコブラクダだ。肩までの高さは1.7〜2m、体重400〜600kg。乾燥に強いため、19世紀中頃にインドやアフガニスタンから輸入され、内陸部の探検や大陸横断鉄道、送電線の敷設などに重用された。1860〜1907年の間に1万〜1万2000頭が輸入された。だが、20世紀に入ると役割がなくなり、砂漠に捨てられた。敵もみあたらず、乾燥した気候も繁殖にピッタリだったので、どんどん増えていった。野生化したラクダは現在100万頭以上いるとみられている。いつのまにか、オーストラリアは世界一のラクダ大国になっていた。野生のラクダを捕らえ、故郷の中東諸国へ逆輸出する商売もさかんになっている。

一方で、深刻な問題も起きている。オーストラリアはたびたび記録的な干ばつにみまわれているのだが、増えすぎたラクダの群れが、のどの渇きから凶暴化し、町で大暴れする事件が起きている。民家の水を求め、トイレやキッチンに侵入して逃げ去るのだ。家畜の水場を奪い、原生植物を食い荒らし、生態系を破壊している。

◉密林を走り回る巨鳥の敵

ヒクイドリは空を飛ぶ翼を持たず、ニューギニア島やオーストラリア北東部の熱帯雨林に生息している。全長約180cm、体重は最大85kg。ダチョウの次に重い鳥だ。たるんだ首の皮膚は、気分によって色が変化する。彼らも生息数を減らしている。外来動物のイヌやネコによるヒナの捕食が大きな原因だ。さらに生息地の森に道路がつくられ、森へのアクセスが容易になり、密猟や森の破壊が増大したことで、絶滅が危惧されるようになった。森林はアブラヤシのプランテーションなど、農地にかえられていて、ニューギニアの原生林はすでに65%以下にまで減少。絶滅危惧種に登録されたのは、1994年のことだった。

◉飛ぶことをやめた国鳥と鉱山

右の写真は、ニューカレドニアの国鳥カグー。体長51～56cm、翼を広げた状態では約78cmになる。体重は約900g。かつては全島に生息していたが、今や地球上で最も絶滅が心配される鳥類の一種となった。飛べないことが災いし、羽毛やペット目的で乱獲され、開発による生息地の破壊や、外国から移入されたイヌ、ネコ、ブタ、ネズミなどによる、卵やヒナの捕食によって絶滅の縁(ふち)に追い込まれている。外来種のシカも、生息地である森の植生(しょくせい)（ある地域に生育する植物の集団）を破壊している。現在の生息数は350～1500羽ほど。1994年には、IUCNによって野生での絶滅の危険性が高いとして、絶滅危惧ⅠB類に登録された。破壊された生息地の一部が広大なニッケル鉱山にかえられて、深刻な問題となっている。無秩序な土地の利用転換により、世界で最も環境破壊が深刻化する地域のひとつに数えられるようになっているのだ。

◉2億年生きてきたトカゲ

19世紀にヨーロッパ人が初めてニュージーランドにやってきた頃、ムカシトカゲは本島に生息していた。彼らは、その後に起きた生息地の破壊や人間と一緒にやってきた外来種による捕食によって絶滅したと思われていた。しかし2008年、なんと約200年ぶりにその姿が発見されたのだ。
彼らはニュージーランドの固有種で、体長45～61cm、体重300～1000g。トカゲと名付けられてはいるが、一般的なトカゲとは全く異なる系統のは虫類であることが、頭蓋骨などの研究により明らかになっている。ガラパゴス諸島に生息する有名なリクイグアナは、およそ400万年前に現れたと考えられているが、一方のムカシトカゲは中生代ジュラ紀から約2億年もの間ほとんど姿を変えずに生き残ってきた。ジュラ紀に大繁栄していた恐竜のほとんどの種が6000年前までに絶滅していることを考えると、とても壮大な話である
現在は場所を移され、外来の捕食動物がいない北島沖の32の小島で生息している。

◉巨大海鳥が陥った罠

シロアホウドリが翼を広げると、305～350cmにもなる。ワタリアホウドリと並んで世界最大の海鳥だ。体長107～122cm、体重は約9kg。ニュージーランドの南島や周辺の島々で繁殖している。シロアホウドリを含め、羽毛を手に入れるために何十万羽ものアホウドリ類が乱獲された時代があった。しかし近年では、世界中で毎年、推定10万羽のアホウドリ類が延縄漁などによって殺されている。針についている魚を食べて、溺死してしまうのだ。シロアホウドリのオスは、繁殖期を終えると主に北半球の漁場に現れ、延縄漁の犠牲になっていく。メスは南半球で過ごすことが多いが、繁殖のために生まれた土地に帰還すると、オスだけが帰ってこないという事態になってしまう。その繁殖地も安全とは言えない。人間によって連れてこられた外来動物が野生化し、卵やヒナを捕食しているからだ。

◉森を失ったペンギン

イエローアイドペンギンはニュージーランド南島や南の島々で生息し、森の中で繁殖する。体長65～78cmで、体重は3.7～8.5kg。かつて生息地にあった原生林は、伐採されたり燃やされたりして、ウシやヒツジの牧場にかえられた。さらに、人間によって持ち込まれたフェレットやイタチ、ネコによって、卵やヒナが捕食されている。また、気候変動によりエサとなる魚やイカが激減していることも減少の一因になっている。鳥マラリアも深刻な問題だ。寄生虫がペンギンの赤血球に寄生し、病気を引き起こすのだ。この寄生虫はマラリア原虫の一部が特殊化したものとされ、ブヨ（ハエの一種）が媒介となる。2004年、南島ではジフテリア性口内炎によりヒナの半分が死んでしまった。その結果、ペンギン種の中で最も絶滅に近い種とみられている。

◉ジュゴンの運命

バヌアツの海をスノーケルで潜っていた時のこと。細かい砂が広がる海底に海草が生い茂っていた。海草はアマモの仲間で、沖のサンゴ礁に向かって何kmも続いていた。その海底草原に、草がほとんど生えていない空地のような直線が何本も走っていた。「水中ハイウェー」――ジュゴンが水草を食べながら進んだ痕跡だ。ハイウェーをたどって400mほど泳ぐと、遠くに赤ちゃんを背に乗せて泳ぐジュゴンがみえてきた。

ジュゴンが生息する海域は、西太平洋からインド洋、紅海に及ぶ。体長100～400cm、体重230～900kg。生息地周辺でくらす先住民にとって伝統的に貴重な食料や薬であり、オーストラリアの先住民は骨を打楽器（写真上）として活用する。今も一部の地域では、限定的にジュゴン漁が許可されている。IUCNによって絶滅危惧種に登録されたのは1982年。個体数減少の原因は、刺網漁（大きな編み目の網を使う）などによる混獲、海水浴場に置かれたサメ除けの網に絡まっての溺死、船のスクリューとの接触による事故死、トロール船（底引き網を使う漁船）などによるエサ場の破壊などだ。近年は海岸地帯の開発や汚染による生息地の破壊も深刻な問題となっている。

軍用イルカの悲しみ、終わらない石油開発——。
文明の発展は、かつて新大陸と呼ばれたこの地から、
いったい何を奪いつつあるのだろうか。

アメリカ大陸とは――。

[位置] この章で扱う「アメリカ大陸」は北米、中米、南米を合わせたアメリカ大陸全体を指し、カリブ海の島々や太平洋のエクアドル領ガラパゴス諸島なども含む（ハワイ諸島はオセアニアに含まれる）。

[面積] 4024万9561km^2（日本の約107倍。陸地の合計で海洋は含まない）

[人口] 9億3725万人

[気候]・最低気温　－63.0度（カナダ、ユーコン準州　1947年2月3日）
・最高気温　56.7度（アメリカ合衆国、デスバレー　1913年7月10日）
・年間降水量（平均）　イエローナイフ（カナダ）281mm、ワシントン（アメリカ）1011mm、マナウス（ブラジル）2286mm、サンティアゴ（チリ）313mm

[植物帯] 針葉樹林（アラスカとカナダ）、夏緑林（米東部など）、プレーリー（米中央部、ウルグアイなど）、ステップ（米中央部）、サバナ（ブラジル中部）、熱帯雨林（アマゾンなど）、雨緑林（ブラジル北部など）、硬葉樹林（米西海岸など）、砂漠（アタカマ砂漠など）、有刺灌木林（メキシコ西部など）、高山植生（アンデスなど）

[地形] 北極圏から南米最南端まで、大陸が南北にわたり高山帯もあるため、ほとんどの植物帯が見られる。ブラジルとその周辺国には、世界最大の熱帯雨林であるアマゾンがある。

[絶滅が心配される主な生物] ほ乳類：ジャガー、アメリカバイソン、ラッコ、オオカワウソ、オオアリクイ、オオアルマジロなど
鳥類：カリフォルニアコンドル、アメリカシロヅル、コバネウ、ケツアール、ヒゲドリ、アンデスフラミンゴ、アオコンゴウインコなど
は虫類：ガラパゴスゾウガメ、アメリカワニ、オリノコワニ、ウミイグアナ、ガラパゴスリクイグアナ、アメリカドクトカゲなど
両生類：メキシコサラマンダー、オレンジヒキガエル、モウドクフキヤガエル、セイブヒキガエル、コバルトヤドクガエルなど
植物：センペルコイア、チリマツ、ブラジルマツ、キンシャチなど

[環境問題] 温暖化、食物連鎖の激変、ゴミ問題、土壌汚染、大気汚染、海洋汚染、乱獲、住民や観光による生息地の破壊、森林伐採、オゾンホール、ヒートアイランド

ザトウクジラが突然、尾びれを高々と上げて水面を叩き出した。ぼくが乗った小舟に「これ以上追いかけてくるな」と警戒信号を送ってきたのだ。アラスカ南東部にあるフィヨルド地形の海には、毎年初夏になると、中米やメキシコ、さらにハワイからザトウクジラがニシンやオキアミを食べにやってくる。アラスカには、クジラたちを養うことができる豊かな海が残されている。古木からなる原生林が、河川を通じて豊かな海を育んでいるのだ。

カナダのブリティッシュコロンビア州から太平洋に挟まれたアラスカ南東部の海岸地帯は、海岸線の総延長が数万kmもあり、無数の島々と地球上で最も広大な温帯雨林が海岸線に沿って広がっている。1万を超える河口と総延長2万km以上もの河川は、川と海を行き来する魚たちの産卵場所となっていて、魚をねらうクマやハクトウワシが集まってくる。氷河が削り取った深い谷を持つ針葉樹林の山々。巨木が生い

ガラパゴスで繁殖するグンカンドリ

アマゾンで出合ったピューマ

茂る、何千年もかけてゆっくりとつくられてきた極めて多様な生態系を持つ古代の森。単位面積あたりの生物資源量は、熱帯雨林よりも多い。だが、この原生林にも道路がつくられ、過剰伐採されてきた歴史がある。特に巨木は、3分の1がすでに切り倒されている。

＊

17世紀、ヨーロッパからの白人が北アメリカに移入を開始した。そこに生息していたアメリカバイソンは、食用や皮革用として狩猟され、あるいは農業や牧畜の開拓をじゃまする害獣として駆除されるようになった。白人が移住する前、彼らの生息数は約6000万頭だったと推定されている。それが、1890年には1000頭未満まで激減していた。白人がやってくる前にも、北アメリカの先住民であるスー族などは、弓や、群れを崖から追い落とすなどの伝統的な手法によりバイソン狩りをしていたが、これは持続可能な狩猟方法であり、数が減ることはなかった。他にも、北アメリカで生息していたリョコウバトは、18世紀には約50億羽いたと言われている。しかし、1906年にリョコウバトは絶滅してしまった。北アメリカに移住した白人たちによって、食用や羽毛布団の材料として、無秩序に撃ち殺されてしまったのだ。同時に、彼らの繁殖する森も伐採によって破壊されてしまった。

＊

1926年、北アメリカのイエローストーン国立公園で、最後の野生のオオカミが殺された。その後、オオカミの獲物となっていたアメリカアカシカや他の動物が増加し始め、その結果、エサである植物が食べ尽くされたり、木の幹が剝がされたりする被害が出てきた。さらには、オオカミが捕食していたコヨーテの個体数が増えたことで、コヨーテのエサであるアカギツネやビーバーが減少してしまった。

このような事態を受け、正常な生態系に戻すために、オオカミの再導入が30年にもわたって検討され、1995年3月21日には、カナダのアルバータ州から連れてきた野生のオオカミがイエローストーンに放された。その後、オオカミは順調に増え、現在、国立公園には約100頭が生息しているという。再導入によって、生物多様性が増えたことも報告されている。アメリカアカシカの減少によって植生が増え、コヨーテの減少によってアカギツネや絶滅状態にあったビーバーが増えてきたのだ。北アメリカのアリゾナ州とニューメキシコ州でも、メキシコオオカミの再導入が1998年から始まっている。この成功を受け、ヨーロッパの国々でも再導入が検討されている。

＊

今度は南米アマゾンに目を向けてみよう。ここは、人間の呼吸に必要な酸素をたくさん生み出してくれている。アマゾンが「地球の肺」と呼ばれるゆえんだ。しかし、このアマゾンもまた危機に瀕している。2004年だけでも、東京都の面積の12倍にあたる2万7429km^2の森が破壊された。森は牧草地や大豆畑にかえられ、残された森もあと数十年でなくなってしまうだろうと言われている。

さらに、アマゾンの木々が蓄えている炭素の量は、推定で900億〜1400億tと言われており、今後も破壊が進めば、これらの炭素が放出され、地球温暖化はより一層加速し、地球全体が気候変動の深刻な影響を受けることになる。ぼくたちは、この大切な「肺」を守るために、いったい何ができるだろうか。

伐採された木々

◉イヌワシは生き残れるか？

イヌワシの生息地は広く、北アメリカからユーラシアの温帯から寒帯にかけて、ヨーロッパ南部からアフリカ北部にかけて、さらにその周辺の島々にまで及ぶ。体長75～95cmで、翼を広げると168～220cmになる。

日本で生息するイヌワシは日本固有の亜種で、環境省により絶滅危惧ⅠB類に登録されている。18世紀後半から19世紀にかけて起きた産業革命頃から、人間の生活に脅威をもたらすとして、毒や銃、罠で殺され続けてきた。一方で何世紀もの間、イヌワシは獲物を狩るために使われ、現在でもモンゴル西部で鷲匠による伝統的な狩りが行われている。イヌワシにとって気候変動は脅威だ。生息域での害虫の異常発生によって、森が枯れる被害が地球規模で広がっている。農地の拡大による生息地の破壊や農薬の影響も深刻だ。また、電線に接触して感電したり、若鳥が風力発電の風車にぶつかったりする事故も多発している。地中海ではエサのウサギがウイルス性出血肺炎によって減少し、ワシも激減した。

◉軍用イルカのリハビリ施設

ぼくが軍用イルカを初めて知ったのは、1995年にイルカのリハビリ施設があるアメリカのフロリダを訪れた時だ。施設では、水族館や海軍からバンドウイルカを引き取り、野生に返すプログラムが行われていた。バンドウイルカの体長は1.9～3.8m、体重200～300kg。世界の温帯から熱帯の広い海域に生息している。施設で愛嬌をふりまくイルカをよくみると、1頭の首筋にひものようなものが食い込んだ跡がある。右の写真の彼の名前は「ルーサー」。海軍での調教時に、首に特殊な軍用器具を装着されていたという。

軍用イルカの登場は、1960年代にさかのぼる。アメリカ海軍と旧ソ連軍は、競うようにイルカの研究飼育を始めた。イルカの能力研究から始まり、徐々にイルカによる沈没船や機雷の探知、ダイバーへの物品の配送、港湾や船舶近くの不審物・不審者の発見、艦船や潜水艦の護衛訓練などが行われた。ベトナム戦争やイラク戦争にも派遣された。冷戦終結を境に、軍用イルカは廃止の方向にあったが、2016年3月、軍用イルカ復活の報道が飛び込んできた。ロシア政府が、軍用にイルカを5頭購入する方針を明らかにしたのだ。

ぼくが施設を立ち去るその日も、ルーサーは水から顔を出して、首を一日中休みなくふっていた。「過去に何かひどい目にあって、精神的な病を患っているんだ」と飼育員は話してくれた。

◉ゴミ捨て場に集まるクマ

野生のアメリカグマがゴミ捨て場に群がっている。オスのほうが大きく、体長140～200cm、体重92～270kg。カナダ、アメリカ、メキシコ北部に生息している。森で得られる食べ物より人間の出すゴミのほうが魅力的なのかもしれない。ゴミの中に含まれる人工の甘味料、着色剤、食用油および機械油、化粧品、薬品、ビニールなどに興味を抱いてしまったようなのだ。最悪なのは、ゴミを食べることで汚染物質も体内に取り込んでしまっていることだ。カナダやアメリカでは、毎年4万～5万頭がレジャー目的で狩猟されている。生息地も減少しており、このまま農地への転換が続けば、ゴミと同じように農作物の味を覚え、害獣として殺されていくだろう。

コラム　世界のゴミ問題

OECD(経済協力開発機構)によれば、2014年の都市廃棄物排出量はアメリカが約2億2760万tで第1位、日本は約4487万tで第4位だった。処理方法は、アメリカなど国土の広い国では埋め立てが多く、日本では焼却が圧倒的に多い。2000年の循環型社会形成推進基本法を機に、日本のゴミ排出量は減少傾向にある。焼却方法やリサイクルの工夫も進む。だが、世界的にみれば、電子廃棄物、放射性廃棄物など深刻な問題も山積みだ。

◯世界中で猛威をふるうカエルツボカビ菌

写真は、コスタリカのマダラヤドクガエル。体長2.5～4cm。カリブ海沿岸に生息する両生類の80％以上の種が、絶滅の危機に瀕している。カエルたちは今、地上で最も絶滅が心配されている。世界のカエルの30％以上が絶滅の危機にあり、すでに200種近くが絶滅したとみられている。彼らを脅かす問題は、生息地の破壊、農薬や酸性雨による汚染にとどまらない。世界規模で起きているカエルツボカビ症の流行が深刻だ。カエルツボカビ菌はカエルの皮膚に寄生し、皮膚呼吸を妨げ、衰弱死させてしまう。1998年にオーストラリアとパナマへの侵入が報告されて以来、南北アメリカやヨーロッパへの上陸も報告された。

ちなみに、日本の両生類はこれに感染しても発症しない。この菌の起源は日本を含むアジアとされ日本の両生類は長い進化の過程で抵抗性を獲得してきたという説がある。日本は1950～1980年代まで、国内で養殖した北米産ウシガエルを欧米に輸出していた。日本から世界中に菌が蔓延した可能性がある。起源については諸説があるが、世界的な流行は人間による両生類の移送が原因とみて間違いない。この流行をくい止めなければ、数十年のうちに50％を超えるカエルが地球上から消え去ってしまうかもしれない。

◉ヘラジカと林業

アラスカのデナリ国立公園にあるタイガの森を抜けて、ツンドラ地帯に現れたヘラジカ。体長240～310cm、肩までの高さは140～230cmで、体重200～825kgになる。シカの仲間では最大の種だ。針葉樹林と、針葉樹や落葉樹からなる混合林に生息している。オスの成獣はのりを塗るときなどに使う「へら」のような平たい角を持つため、それが和名の由来となった。この大きな角は、集音機のように遠くの音を聞き分けることができるという。カナダとアメリカ北部、ユーラシア北部に生息している。カナダ南部では、林業と農業が発達し、人間によって生息地の森が破壊され、広範囲で大規模な減少が起こった。林業にともなう植林によって、単一種の樹木に偏りが生まれ、森の生物多様性は欠如し、エサとなる植物も育たなくなっている。北欧で行われる林業では、植樹したばかりの若木や樹皮が食べられないように生息数をコントロールしている。農作物への被害や他のシカからもたらされた病気の伝染など、地域によって深刻な問題が起きている。

◉ナマケモノ保護施設

ナマケモノは、まるでスローモーションの世界でくらしているかのようにゆっくりと動く。16世紀に中央アメリカを訪れたスペイン人は、木にぶら下がって動こうとしない彼らをみて「ペレソソ(なまけ者)」と名づけた。生息地は中央・南アメリカの森で、大きく分けて、前足に2本の指を持つフタユビナマケモノと、3本指のミツユビナマケモノがいる。フタユビナマケモノのほうが少し大きく、体長は60cmほどで体重は4～9kg。
上の写真は、親が交通事故にあい保護されたホフマンナマケモノ（2本指）の赤ちゃん。段ボールに入れられてコスタリカの保護施設に届けられた。保護された赤ちゃんは、ヤギのミルクで育てられる。数カ月後、大きくなって葉っぱを食べられるようになったら森に戻されるのだ。ナマケモノは伝統的に食用として先住民に狩猟されてきたが、近年は森林破壊によって生息数が減ってきている。ゆっくりとした動作が災いし、焼畑(やきはた)や森林火災の際に逃げ遅れて犠牲(ぎせい)となり、開発によってできた道路での交通事故も多発している。さらに、ナマケモノの赤ちゃんをペットとして観光客に売っている地域まである。

◉砂漠の花園に訪れた危機

一年に一度だけ花畑が現れるチリのアタカマ砂漠。春になると、冷たい海から吹き上げられる「カマンチャカ」とよばれる海霧が内陸の砂漠にまで流れ込み、霧から得た水分で植物たちが花を咲かせる。そんな何千万年もの年月を生きのびてきた砂漠の花畑が今、失われるかもしれない危機に直面している。地下水を汲み上げることで、砂漠でも人間と家畜がくらせるようになった。しかし、人間が連れてきたヤギやヒツジが野生の植物を食べ尽くし、花園の風景は変わってしまっている。さらに、北米から南米までを貫くパン・アメリカン・ハイウェイによって花園が分断され、ハイウェイを利用する車や人について外来種の植物も持ち込まれている。外来種の中にはアフリカ原産のものや、地中に蓄えられているわずかな水分を根こそぎ消費してしまうオーストラリア原産のユーカリなどの種がみられる。温暖化にともなう地球規模の気候変動も、砂漠の植物にとっては脅威だ。南米沿岸から太平洋の中央までの海域で、海面水温が平年より高くなり多量の雨がもたらされるエルニーニョ現象も長期化し、外来種の侵入と勢力の拡大が助長されている。

◉乱獲されたチリ産の貝が日本の食卓へ

チリの水産物は世界各地に輸出されている。日本も輸入国のひとつで、養殖サケ類が有名だ。以前はチリ産の貝も大量に輸入していた。代表的な貝は、「チリアワビ」や「ロコガイ」といった名前で回転寿司などに広く流通していた。潮間帯（高潮線と低潮線の間にあり、潮の干満により露出と水没を繰り返す場所）の浅瀬から水深40mくらいまでに生息し、海の生態系における重要な役割を担っていた。だが、規制を無視した乱獲が続き、ロコガイは激減してしまった。今は写真のように、漁村にうず高く積まれた巨大な貝の山が、乱獲のものすごさを物語るのみだ。

コラム　日本の水産資源は枯渇寸前？

水産庁によれば、年々減少傾向にあるものの日本の漁獲量は約477万tで世界第7位（2014年）。魚離れも叫ばれるが、水産物の輸入額は世界第2位だ。また、摂取する動物性たんぱく質のうち3割強が魚類からなど、有数の魚消費国である。しかし、2015年度の「魚種別系群別資源評価」によると、日本の水産資源の50％が枯渇状態で、豊富とされたのは19％にすぎなかった。四方を海に囲まれた日本。資源管理、漁業の方法、環境への配慮などは重要な課題だ。

◉アマゾンの森が消えてゆく

アマゾン河流域の熱帯雨林は、世界に残された熱帯雨林の半分を占めている。そこには世界で最も多くの種類の動植物がみられ、一説には地球上の全生物の15～30%が生息しているとされる。これが、アマゾンが「世界最大の生物多様性の宝庫」と呼ばれるゆえんだ。さらに、この森は地球に残されたどの森よりも多くの酸素を生み出している。これまでに約5万5000種の植物が発見されている。しかし、地球最後の豊かな森・アマゾンは今、急速に破壊され、消え去ろうとしている。

アマゾンでは毎日、少なくともサッカー場3000個分の原生林が消失しているという。この50年間に、アマゾンの熱帯雨林の25％近くが破壊された。今後20年間で、さらに20％が失われるとみられている

切り倒された原生の森は、大豆やサトウキビ、トウモロコシ、アブラヤシなどの栽培や肉牛の放牧のために農地にかえられる。ブラジルは現在、牛肉の輸出量が世界一で、2012年にはアメリカを抜いて大豆も世界一になった

◉ハチドリの願い

ハチドリは毎日、たくさんの花を飛び回って蜜(みつ)を吸いながら、植物の受粉を助けて種子をつくる担い手となっている。南北アメリカとカリブ海の島々に生息し、およそ330種が知られている。赤道付近のアンデス山脈西側から東側のアマゾン流域に広がる豊かな森では、最も種類が多様で、その数は約200種にのぼる。まさにハチドリたちの楽園だ。しかし、原生の森が人間によって今、急速に破壊されている。森が失われ、ハチドリ全体の約10%は絶滅を心配されている。森の豊かさがハチドリの受粉によってもたらされていることを、忘れてはならない。

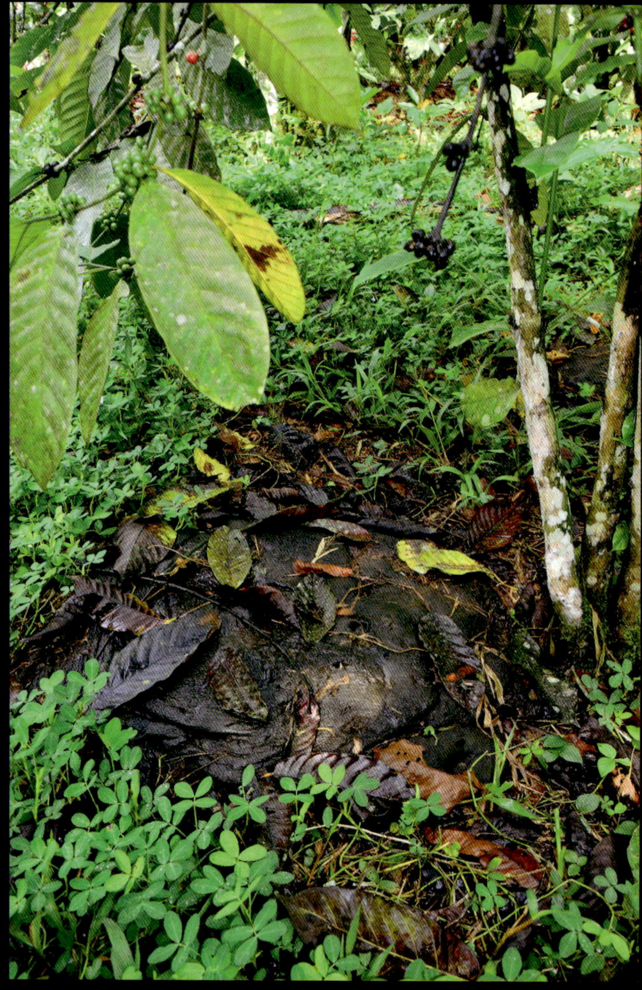

◉石油開発にゆれるアマゾン

標高3000m以上のアンデス山脈をプロペラ機で越えて、海抜100mほどの熱風舞う広大で平坦なアマゾンジャングルへ降り立った。ここは今、石油ブームにわいている。町近くの川沿いやジャングル奥地に石油のやぐらや井戸が掘られ、パイプラインがアンデスを越えて太平洋までのびている。エクアドルの原油埋蔵量は、東南アジアのインドネシアとブルネイの埋蔵量を足したものの約2倍に相当する。石油井戸に近いカカオ農家を訪ねた。カカオはこの地方が原産と言われ、その種はココアやチョコレートの原料になる。農場一帯はシンナーのような異臭が漂い、大きなウシのフンのようなものが土の上にたくさん落ちていた。このフンみたいなもの全てが石油の固まりだという。数年前に石油井戸のパイプから毒性の強い大量の石油がもれ出し、カカオ農園を覆い土壌を汚染した。「わたしたち家族は食べないよ。でもこのカカオは市場で売っている。子どもたちを養っていかなければいけないからね」農園主は腕組みをしてため息交じりに言った。

◉ロンサム・ジョージの死

サンタ・クルス島で飼育されていたロンサム・ジョージが、2012年6月24日に亡くなった。彼はガラパゴス諸島のピンタ島でくらす、ピンタゾウガメの生き残り最後の1頭で、「孤独なジョージ」と名付けられた。実際、ピンタゾウガメは1971年に彼が島でみつかるまで、絶滅したと考えられていた。

ガラパゴス諸島は16世紀頃から海賊船、18世紀頃からは捕鯨船が立ち寄るようになり、ゾウガメが数百頭単位で積み込まれ、食料とされていた。この間、諸島から持ち出されたゾウガメは少なくとも数十万頭に及ぶとも言われる。体長1.5m以上、オスの体重は270kgにも達し、寿命は100～200年だ。ピンタ島では外来種のヤギが野生化し、ゾウガメの食料となる植物を食べてしまったこともあり、減少に拍車がかかった。ガラパゴスゾウガメは14～15亜種に分類されるのだが、ジョージが属する「ピンタゾウガメ」が絶滅したことで、現存するのは10亜種となった。

◉90%のペンギンはなぜ死んだ?

海を泳ぐガラパゴスペンギンはまさに、「水中を飛ぶ鳥」のようだった。ぼくが初めて水中でペンギンをみたのは、ガラパゴスのバルトロメ島の海。固有種で体長50～58cm、体重1.7～2.5kg。獲物を発見すると猛スピードで水中を飛び回るの

海水温が上昇し、かつ長期化した巨大エルニーニョが1982年と1997年に発生した。その結果、エサとなる魚は海域から消えてしまった。1970～1971年には生息数6000～1万5000羽だったのが、1999年になると1200羽まで激減した。

◉外来種に食べ尽くされるイグアナとゾウガメの卵

21

第8章

ユーラシア大陸
Eurasia

ヨーロッパとアジアからなる広大な地で、
人間は常に自然を支配しようとしてきた。
そしてそれは、自らの首を絞めることに等しかった。

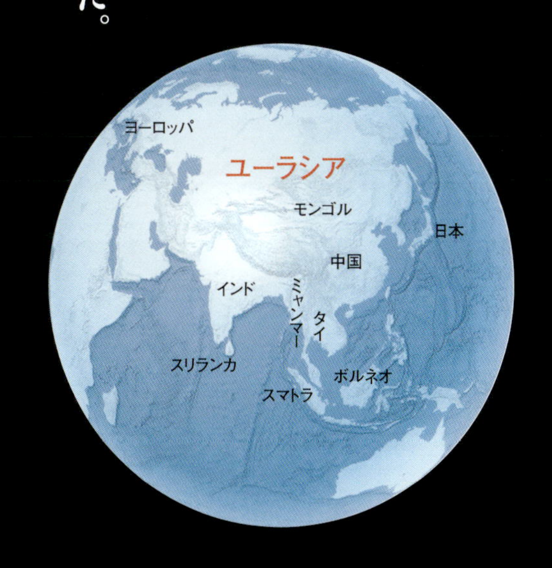

ユーラシア大陸とは——。

[位置] この章で扱う「ユーラシア大陸」はヨーロッパとアジアを合わせたユーラシア大陸のことであり、島国であるイギリスやアイスランド、インドネシアやフィリピン、日本なども含む。

[面積] 約5492万9000km^2（陸地の合計で海洋は含まない。面積と人口には第9章で紹介する日本も含む）

[人口] 約47億1500万人

[気候]・最低気温　−58.1度（ロシア、ウスチ・シュゲル　1978年12月31日）
・最高気温　54度（イスラエル、ティラット・ズビ　1942年6月21日）
・年間降水量（平均）　シンガポール（シンガポール）2150mm、香港（中国）2398mm、ローマ（イタリア）733mm、バグダッド（イラク）123mm

[植物帯] 針葉樹林（ロシアなど）、夏緑林（中国北東部、ドイツなど）、プレーリー（モンゴルなど）、ステップ（ロシア南部など）、温帯常緑広葉樹林（中国東部など）、雨緑林（インド北部など）、熱帯雨林（ボルネオ島など）、硬葉樹林（地中海沿岸）、砂漠（ゴビ砂漠など）、高山植生（ヒマラヤ山脈など）

[地形] ユーラシア大陸は世界最大の大陸で、地球の陸地面積の約40％を占める。最高峰エベレストを含むヒマラヤ山脈がある。

[絶滅が心配される主な生物] ほ乳類：オランウータン、テングザル、アジアゾウ、ジャイアントパンダ、スマトラトラ、ユキヒョウ、インドサイ、レッサーパンダ、アジアスイギュウ、スペインオオヤマネコ、ヨーロッパミンクなど
鳥類：コウノトリ、シロトキコウ、シロクロサイチョウ、コサンケイ、ノガン、カオジロオタテガモ、コバタン、オオバタンなど
は虫類：コモドドラゴン、ヌマワニ、ヨウスコウワニなど
両生類：オオカミガエル、ケララアカガエル、インドネシアキガエル、イベリアアカガエル、ホライモリなど
植物：メタセコイア、タイワンスギ、シナユリノキ、ラフレシアなど

[環境問題] 温暖化、森林伐採、ゴミ問題、土壌汚染、大気汚染、海洋汚染、海洋生物の乱獲、住民や観光による生息地の破壊、人口爆発、ヒートアイランド

1万5000年前にフランスのラスコー洞窟に描かれたウシ、オーロックスは、かつてヨーロッパから中央アジア、東アジアまで生息し、北アフリカとインドには別々の亜種がいた。しかし、食用と皮目的で捕獲され、さらに開発で生息地の森も切り開かれていった。1627年には生存していたポーランドの最後の個体が死に、オーロックスの絶滅が確認された。

18世紀後半にはイギリスで産業革命が始まった。機械の発明や蒸気機関の出現、それにともなう石炭の利用。こうして生産技術の革新とエネルギーの変革が起きた。16世紀のロンドンでは、暖房や調理用燃料に薪が使われていたが、森林の減少とともに木材価格が上昇し、代替エネルギーとして石炭が注目されるようになったのである。イギリスでは豊富な石炭資源があったため、産業革命で急速に増加したエネルギー消費量のほとんどは、石炭によってまかなわれていた。

コモドドラゴン

シナウスイロイルカ（ピンクイルカ）

アジアゾウのいる森

産業の発達によって人口も増加し、残された森が農地や工場、住宅地へとかえられ、破壊されていった。ヨーロッパ中に広まった産業革命は至る所で森の破壊を生み、そこで生息する固有の生きものたちを絶滅に追いやることになった。

＊

インドで生き残っているアジアライオンに目を向けてみよう。アフリカライオンと異なる亜種で、かつてはインドからイラン、中東アジアまで生息していたが、生息地である森の破壊や狩猟によって、インドを残し絶滅した。草原でくらし、群れで狩りをするアフリカライオンと違って、アジアライオンは森でくらし、単独で狩りを行う。現在ではインド北西部のギル森林国立公園に、600頭以下で生息しているだけとなった。彼らが生きるこの場所は、人間によって破壊され、再生してきた乾燥林だ。ライオンだけでなく、森の減少とともにユーラシアの野生動物は生息地を失い、多くが絶滅に向かっていったのだ。現在、インドの原生林はほとんどがなくなり、アッサム地方にわずかに残っているだけとなった。

＊

かつて、南米アマゾンとともに「地球の肺」と呼ばれていたボルネオ島でも、森林破壊は急速に進んでいる。ボルネオ島は世界で3番目に大きな島で、熱帯雨林が破壊され、その生態系は壊滅の瀬戸際に追いやられている。

1950年代までは、ボルネオの至る所に豊かな原生林が息づいていて、そこでは毎日、森が数億人分もの酸素を供給していた。しかしその後、熱帯雨林は木材のための違法伐採や、アブラヤシのプランテーションをつくるために、急速に破壊され続けてきた。世界中で需要が高まり続けているパームオイルは、石油に代わるバイオ燃料としても注目をあび、さらなる原生林の破壊へとつながっている。国立公園の外にある熱帯雨林のうち、95%がすでに切り払われてしまった。さらに、国立公園として保護されているはずの熱帯雨林ですら、その約60%が違法に伐採されている。ちなみに、熱帯雨林は1haにつきおよそ400tもの炭素を吸収している。その呼吸が止まると、空気中の二酸化炭素が増え続けるため、温暖化のスピードに、より一層拍車がかかる。原生林消滅まであと何年？　残された時間は少ない。

＊

近年、急速な経済発展を遂げた中国も、実は8000年前には深い原生林で覆われていた。だが、約7000年前に始まった黄河文明の頃から都市の建設や人口増加が起こり、徐々に原生林の破壊が始まっていった。近年では、1966年から始まる文化大革命の時代に、原生林の破壊が繰り返されたという。現在中国に残っている原生林はほんのわずかだ。それは雲南省に存在している。古代林に野生のゾウやサルが生息する貴重なものだ。だが、ブームとなったエコツーリズムにともなう道路の整備や観光施設の建設などで、原生林の伐採が進んでいるという。1990年からの19年間で、森林率が26%から20%に減ってしまった。

わずかに残された原生林に生息する生きものたちは、深刻な危機を迎えている。

運ばれていく伐採された木々

◉湖でくらすアザラシの悲劇

ロシアのバイカル湖にのみ生息するバイカルアザラシ。体長は100～140cmで、体重は60～90kgになる。アザラシやアシカの仲間で唯一、淡水に生息する種類だ。バイカルアザラシは、少なくとも9000年前から狩猟の対象とされてきた。20世紀初頭には毎年2000～9000頭狩猟されていた。現在も狩猟は続いており、2012年と2013年は、密猟を含め年間2300～2800頭が皮や肉、脂目的で狩猟された。漁業の混獲により溺死する個体も増えている。さらに、汚染物質の流入は生態系にとってきわめて深刻な問題だ。パルプ工場や製紙工場からの汚染排水によって感染症を患ってしまう。農薬や、湖に捨てられる産業廃棄物も体内汚染を引き起こす。現にバイカルアザラシの赤ちゃんは、ヨーロッパや北極圏に生息する他のアザラシよりも農薬汚染が高い値を示している。閉鎖された湖でくらし、河川を通って海に避難できない分、海洋動物以上に汚染物質が体内に蓄積されてしまうのだ。

◉河からいなくなったカワウソ

ユーラシアカワウソの分布はツンドラ以南のユーラシアの国々と、モロッコやイギリス、南アジア、東南アジアに及ぶ。体長57～70cm、体重7～12kg。ダムの建設や養殖池の造成の影響を受け、生息数は減り続けている。南アジアと東南アジアでは、湿地や水路でのエサの減少、または密猟により生存が脅かされ、西部及び中央ヨーロッパでなっている。さらに、沿岸で生息している集団は油の流出の影響を受けやすく、漁網による混獲も起きている。交通事故も深刻だ。ちなみに、ニホンカワウソはユーラシアカワウソの一亜種または独立種とされ、かつて全国に広く生息していた。だが、毛皮目的の乱獲や生息地の開発などで激減し、1979年以来確かな目撃例がなく、2012年

◉100年前に絶滅した野生バイソンの今

ヨーロッパ最大の草食動物であるヨーロッパバイソン。体長250～350cm、体高180～195cm、体重650～1350kg。アメリカバイソンに似ているが、ひと回り小さい。もともと西部、中央、南、東ヨーロッパからコーカサス全体に分布していたのだが、19世紀の終わりにはポーランドとベラルーシの国境地帯の森に2つの集団が生きのびるだけになり、1919年には野生での絶滅が確認された。ヨーロッパの動物園で生き残っていた個体をもとの生息地へ再導入し、今はポーランドを始め15カ国で生息している。現在、野生で生息するヨーロッパバイソンは2701頭、世界中の動物園や繁殖施設で飼育されている個体は1962頭のみだ。国によっては内戦や政情不安、また密猟の横行によって急激に生息数を減らしている。さらに、小さな群れで孤立している森では、遺伝子の交流が少なく、近親交配が繰り返され、地域によっては絶滅が危惧されている。

◉絶滅に向かうヤマネコ

ヨーロッパヤマネコは、ヨーロッパ西部からインド、アフリカに生息している。体長50～80cm、体重5～8kgで、生息数の減少が続いている。過去、アジアでは毛皮目的で多くのヤマネコが狩猟された。1990年代には、ウクライナやモルドバ、コーカサスで生息地である広葉樹林(こうようじゅりん)が破壊され、数を減らした。現在、かつて生息していたヨーロッパのほとんどの地域で、ヨーロッパヤマネコは激減している。スペインとポルトガルには奇跡的に生息しているものの、森の消失や野良猫との交雑(こうざつ)、伝染病などによって生存が脅かされている。

◎アイベックスが消えた山

◉野生ゾウが殺され続けている

アジアゾウは体長5.5～6.5m、体高2.5～3.2m、体重は最大6.7t。彼らの生息していた森が、次々と農地にかえられている。生息地の減少によって食べ物がとれなくなり、人が管理する農地に現れるようになってしまったのだ。2010年10月には、スリランカで毎年200頭以上の野生ゾウが農民によって殺されていることが報じられた。密猟による個体数の減少もあり、今では4000頭ほどの野生ゾウが生き残るのみだ。2014年1月29日早朝、スリランカの小さな村近くの田んぼで、農民の手によって1頭のアジアゾウの命が奪(うば)われた。ぼくは、その横たわったゾウの足に手を置きながら胸が苦しくなった。2日前にも隣の村で同じ悲劇が起こったばかりだった。

3000年前、アジアゾウは中東のイランから中国は揚子江(ようすこう)にも及ぶ広大な、ほとんど途切れることのない森や草原でくらしていた。推測では100万頭近くの野生ゾウがいたと考えられる。しかし文明が興(おこ)り、人間が増え続けたことで、森や草原は破壊され、町や都市、工場、農地などにかえられた。かつてゾウがくらしていた豊かな自然は、今やその95%が失われた。現在、野生のアジアゾウは孤立し、点在する小さな森で4～5万頭がほそぼそと生き残っているだけである。

◉プラスチックを食べる野生ゾウ

人間がくらす地域と野生動物が生息する国立公園を隔てているフェンスには、電気が流されている。その前で車を停めると、フェンスの網目から野生ゾウが長い鼻をこちらに伸ばし、道に生えた草を食べているのをみつけた。公園内の草は食べ尽くしてしまったのかみあたらず、「残っている草なら何でも食べたい」と言わんばかりに、貪欲にむさぼっていた。アジアの野生ゾウの生息地では、温暖化の影響で干ばつが長期化し、野生動物の食べ物が少なくなっている。公園内の草木も枯れて、食べ物を求めるゾウたちがフェンスを越え、人間がくらす地域に現れるようになってしまっているのだ。彼らが行き着いた先はゴミ捨て場。自然には存在しないおいしい味がするのか、残飯やプラスチックも食べてしまっている。

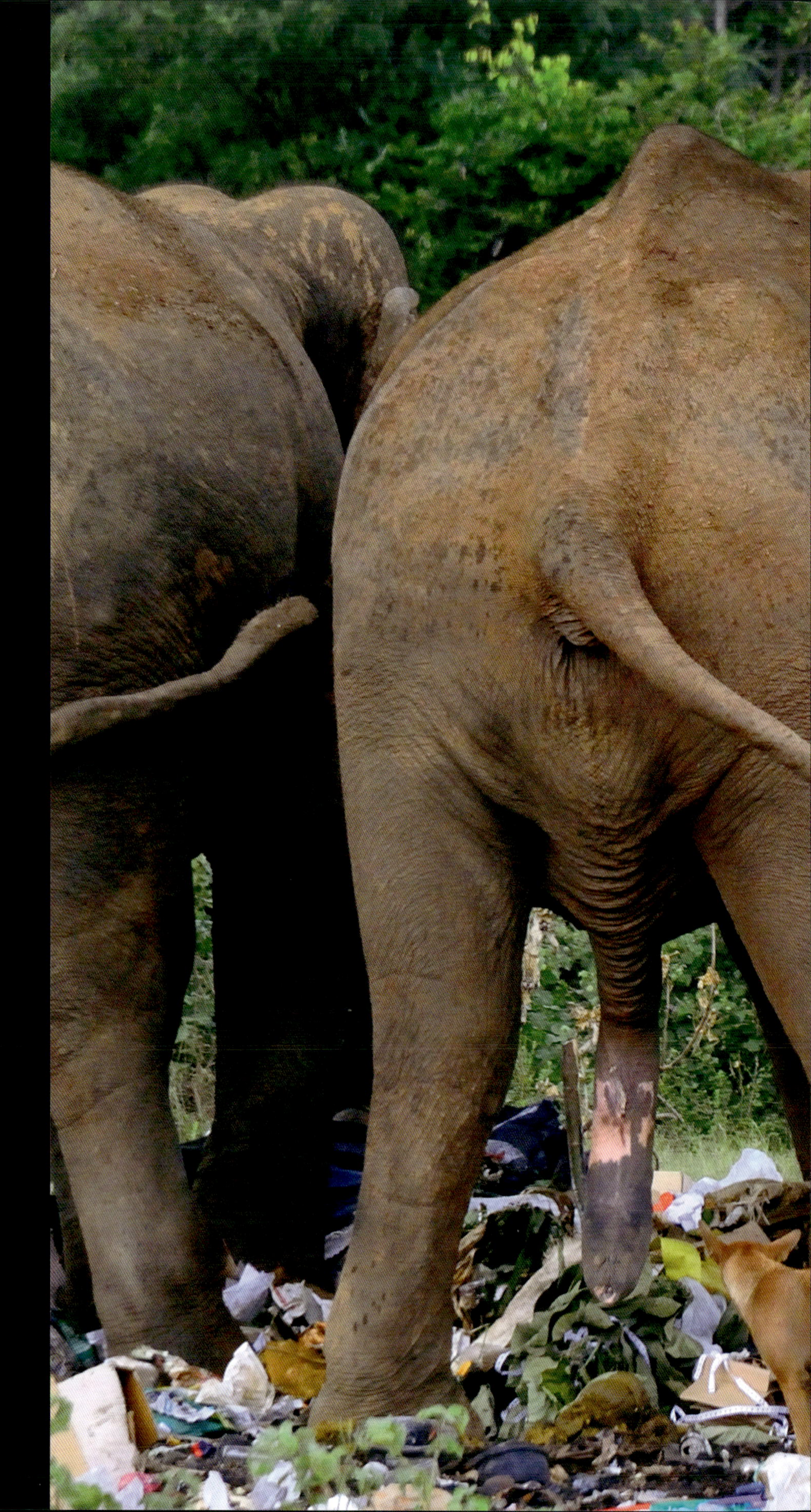

◉100頭以上のトラを飼っていた寺

タイ・バンコクから北西へ車で約3時間。「タイガー・テンプル」という、トラと一緒に写真を撮ることができるお寺がある。2016年6月1日、ここで、生まれたばかりのトラ40頭の死体が、敷地内の冷蔵施設からみつかった。トラはもともと皮や骨に薬効があるとされ、違法取引が問題になっており、タイではかねてから密輸業者の暗躍が指摘されていたのだ。この寺にいた約140頭のトラは違法に飼育されていたもので、政府はすぐさま寺院にトラの引き渡しを求めた。

トラは体長140～280cmで、体重115～280kg。1986年に絶滅危惧IB類に登録された。かつてはトルコ西部からロシアの東海岸まで、アジア全域に広く分布し、1900年時点の生息数は推定10万頭にのぼった。だが、過去100年間で、広大な生息地が破壊され姿を消した。現在はインドやロシアを含め8カ国の保護区で生息するのみだ。トラの体の一部は中国の医療市場で高値で取引されるため、密猟が深刻化している。現在の分布域は本来の生息地の6％未満。2010年のWWFなどの調査によれば、野生トラの生息数は3200頭たらずとされた。タイでは約1000頭のトラが、観光や繁殖目的で飼育される。中国にも「トラ農場」があり、約6000頭ものトラが体の部位売却のために飼育されているという。飼育下にあるトラは世界中に1万頭以上いるとみられ、実に野生の3倍以上にのぼる。密猟が続けば、トラは近い将来飼育下でしかみられなくなってしまうだろう。

◎暴走する焼畑（やきはた）農業と人間の欲望

タイとミャンマーの国境に広がる豊かな森には、野草の花が一年中咲きほこる。何千年もの時を、ゾウと一緒にくらしてきた村がここにあった。文明とは無縁の、電気もない自給自足の生活。ゾウは田んぼや畑、森で村人と一緒に働く。村人は米や野菜やブタを育て、森から薬草を得る。みんなで自然の精霊（せいれい）を崇（あが）めては、釈迦像（しゃかぞう）に祈（いの）りをささげる。野生の綿から糸をつむぎ、そのたびに機織（はたお）りの音が村のあちこちで響き渡る。古くから伝わる民族衣装を織っているのだ。

近年、この森は急速に失われつつある。今までは自然と共存する持続可能な焼畑を行ってきたのだが、ある日、町から商人がやってきた。「ここで野菜をつくって大都市で売れば儲（もう）かるよ」森を焼き、化学肥料（かがくひりょう）やスプリンクラーを導入し、広大なキャベツなどの野菜畑をつくろうというのだ。お金という誘惑（ゆうわく）、子どもたちにいい教育を受けさせたい、車を手に入れたい、村に電気を引きたい……。こうして先祖代々、何千年も続いてきた、彼らの自然とともにあった生活は消え去ろうとしている。

アブラヤシのプランテーション

◉オランウータンの森がなくなる

およそ100万年前、南はジャワ島から、北はマレー半島、ラオス、ベトナム、中国南部、西はインド国境地域まで、オランウータンは広く生息していた。全て同じ種というわけではなく、いくつかの種が存在した。現在の種よりももっと大きな体格のオランウータンが高地に分布し、小さな種は低地でくらしていた。しかし今、オランウータンが生き残っているのは、ボルネオ島とスマトラ島だけだ。それぞれ別の種がみられ、スマトラオランウータンは体長90～140cmで体重45～90kg。ボルネオオランウータンは体長120～140cmで体重30～100kgだ。どちらの島も、生息地の森の破壊が急速に進み、アブラヤシのプランテーションにかえられている。ボルネオではすでに、原生林の65％以上が破壊されたとみられ、スマトラに至っては、1935～1980年の間に生息地の森の70～80％が失われたという。現在、スマトラ北部に残された国立公園だけが最後の砦（とりで）となっており、オランウータンは絶滅の瀬戸際に立たされている。このままだと、早ければ20年以内に野生種は絶滅するだろうという試算もある。

◉テングザルの叫び

テングザルはボルネオ島のマングローブ林や湿地林に生息している。オスのほうが大きく、体長73～76cm、体重10～21kg。2000年に絶滅危惧IB類に登録された。減少の主な原因は、オランウータンと同様に生息地の破壊だ。東カリマンタンにあるマハカムデルタには、1990年代、数千ものテングザルがみられたが、現在はデルタ（三角州）がエビ養殖池にかえられ、ほとんどが殺されてしまった。南カリマンタンも状況は変わらない。1997年、生息地の破壊と密猟により、プラオ・カジェット自然保護区のテングザルは絶滅した。食料目的のみならず、テングザルの胃石や腸の分泌物は中国で伝統医薬として重宝されるため、保護動物であるのに密猟されているのだ。

コラム　マングローブの役割

マングローブは世界各地の熱帯または亜熱帯地域沿岸に生息する。二酸化炭素を吸収し、豊かな海洋生物を育み、食料供給、さらには自然災害の軽減にまで貢献するため、野生生物のみならず人間にとっても欠かせない存在なのだ。

◉高値がつくクマの内臓

マレーグマはクマの仲間で一番小さく、体長100～150cm、体重25～65kg。中国南部や東南アジア、スマトラ島、ボルネオ島に点在している。かつては中国北部やジャワ島にも生息していたがすでに絶滅してしまった。1990年に絶滅危惧種に登録されたが、森林伐採による生息地の破壊により生息数を減らしている。スマトラとボルネオでは、アブラヤシのプランテーション造成のために森の大規模な転換が急速に進む。密猟は、ほとんどの地域で大きな脅威となっている。胆嚢は伝統的な中国医学に活用され、足も珍味とされるから、高値で取引されるのだ。さらに、地域によっては農業にとっての害獣として駆除されたり、ペット用に子グマが捕らえられたりしている。

コラム　ペットビジネスの闇

日本のペット産業の市場規模は1兆4000億円。イヌ・ネコの飼育数に至っては、少子化もあって、もはや15歳未満の子どもより多い。だが、ブームの一方で、2014年の環境省の統計資料によれば、イヌ2万1593匹、ネコ7万9745匹が殺処分されたとの報告がある。店で陳列されるペットはどこから来て、売れ残ったらどうなるのか。それを考えるのも命に対する責任だろう。

◉砂漠化するコモドドラゴンの島

◉昆虫ブームと児童労働

インドネシア、スラウェシ島の森を訪れた時、駐車場で地元の子どもたちがチョウの標本を売っていた。その中にひときわ目を引く、大きくて色鮮やかな羽を持つチョウがいた。値段も他の5倍。羽を広げると20cmにもなるサビモンキシタアゲハとメガネトリバネアゲハだ。どちらもCITESで輸出入が規制されている。気になったのは、学校に行っているはずの子どもたちが、昆虫採集をしたり、売り歩いたりしていることだ。日本は世界最大の昆虫輸入国。昆虫を飼うだけでなく、繁殖まで試みるようになり、今やスーパーやデパートでさえ売られている。子どもたちが大型の外国産を好むようになったせいか、輸入が激増。外国産の生きた昆虫の輸入量は、2005年に約2869万匹、2010年には約7995万匹にも達した。

問題は、アジアで昆虫採集が幼い子どもの手にゆだねられていることだ。村に仲買人がいて、子どもでも簡単に現金収入が得られるため、貧しい家では子どもが採集することを歓迎する。結果、児童の不登校が急増しているのだ。国際労働機関(ILO)などでは児童労働の撤廃を目指しており、世界のすう勢と逆行している。他にも深刻な問題がある。輸入した昆虫が野に放たれ、日本の昆虫との交雑が起きていることだ。海外昆虫の寄生ダニによる生態系への悪影響も心配されている。

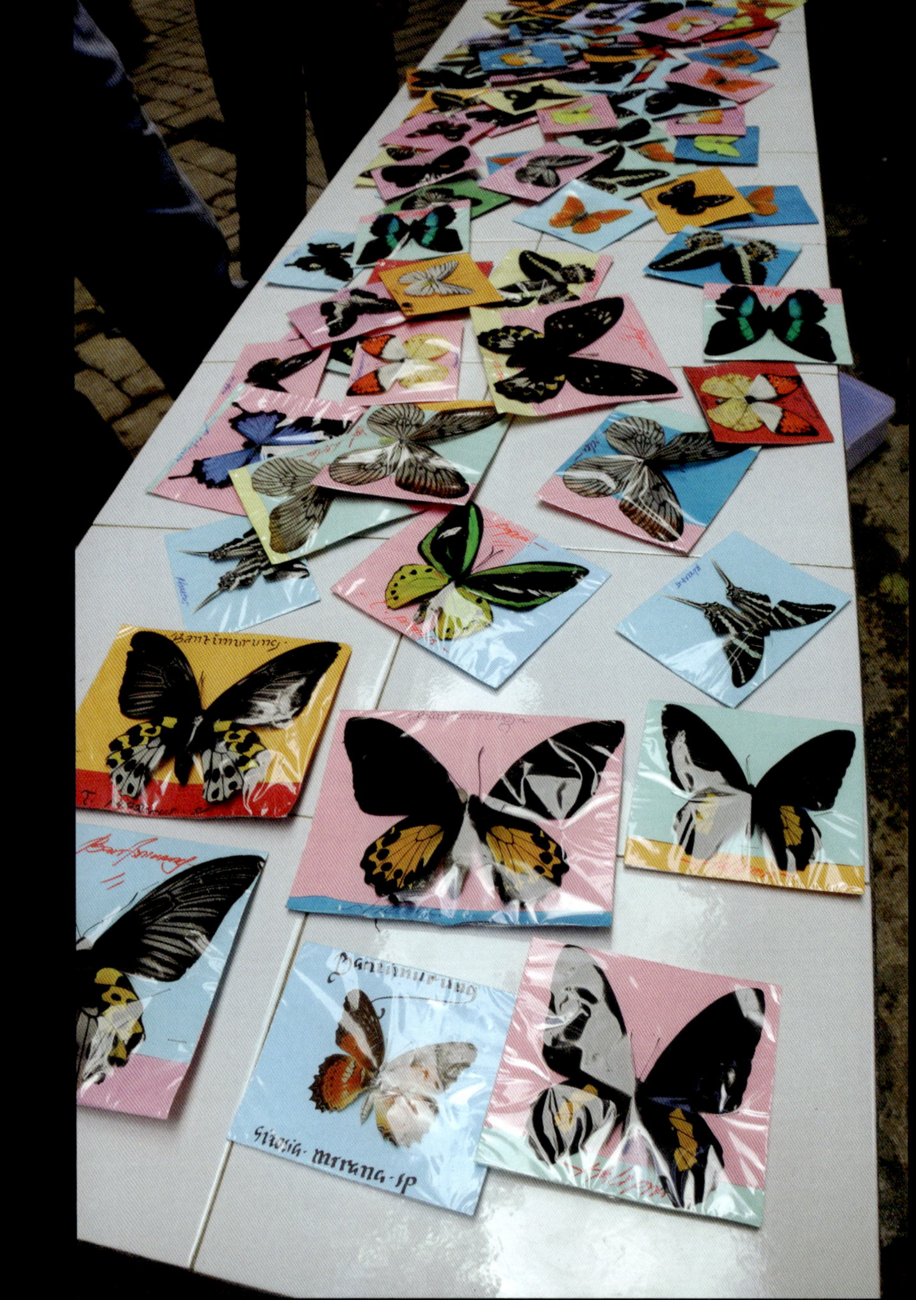

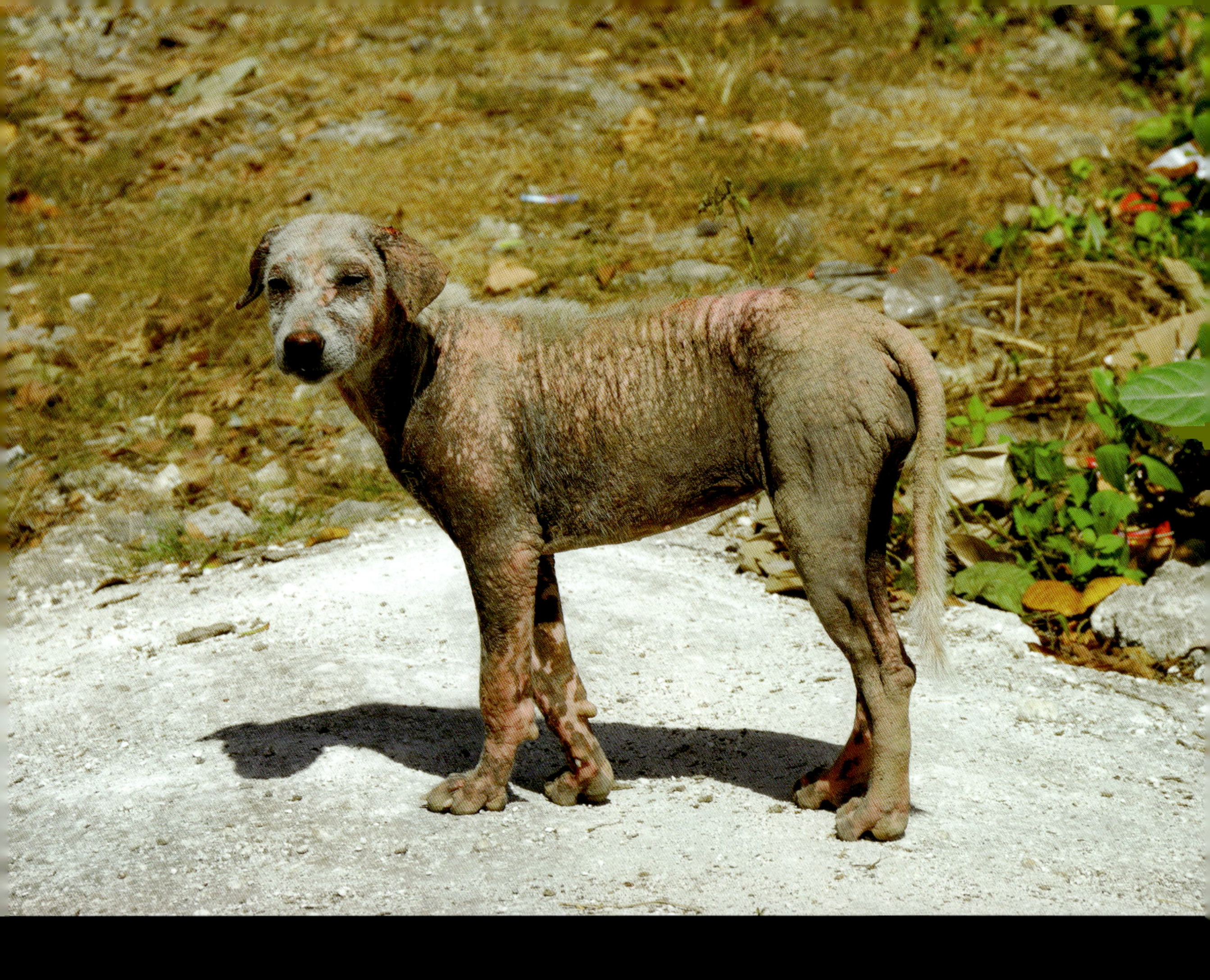

◉野良犬救助に立ち上がった女医たち

日本でほとんどみかけなくなった野良犬だが、アジア諸国では深刻な社会問題となっている。野良犬が媒介する感染症の皮膚病や狂犬病が蔓延し続けているのだ。そんな中、インドネシアのバリ島では、野良犬が原因の伝染病が減ってきているという。その裏には、野良犬を治療し続ける女性獣医のグループの活躍がある。7名の女医を中心に20名ほどで運営されていて、野良犬を捕まえては、感染症予防薬を注射し、ビタミン剤を与えるのだ。この日も治療の済んだ犬が解き放たれた。メスの場合、むやみに子どもが生まれ過ぎないようその場で避妊手術を行う。危険な感染症を持っているとわかると、他にうつらないよう安楽死させることになる。まず麻酔を打ち、それから安楽死させるのだ。一見残酷とも言える光景。しかし、それは1匹でも多くの犬たちの命を守る行為に他ならない。

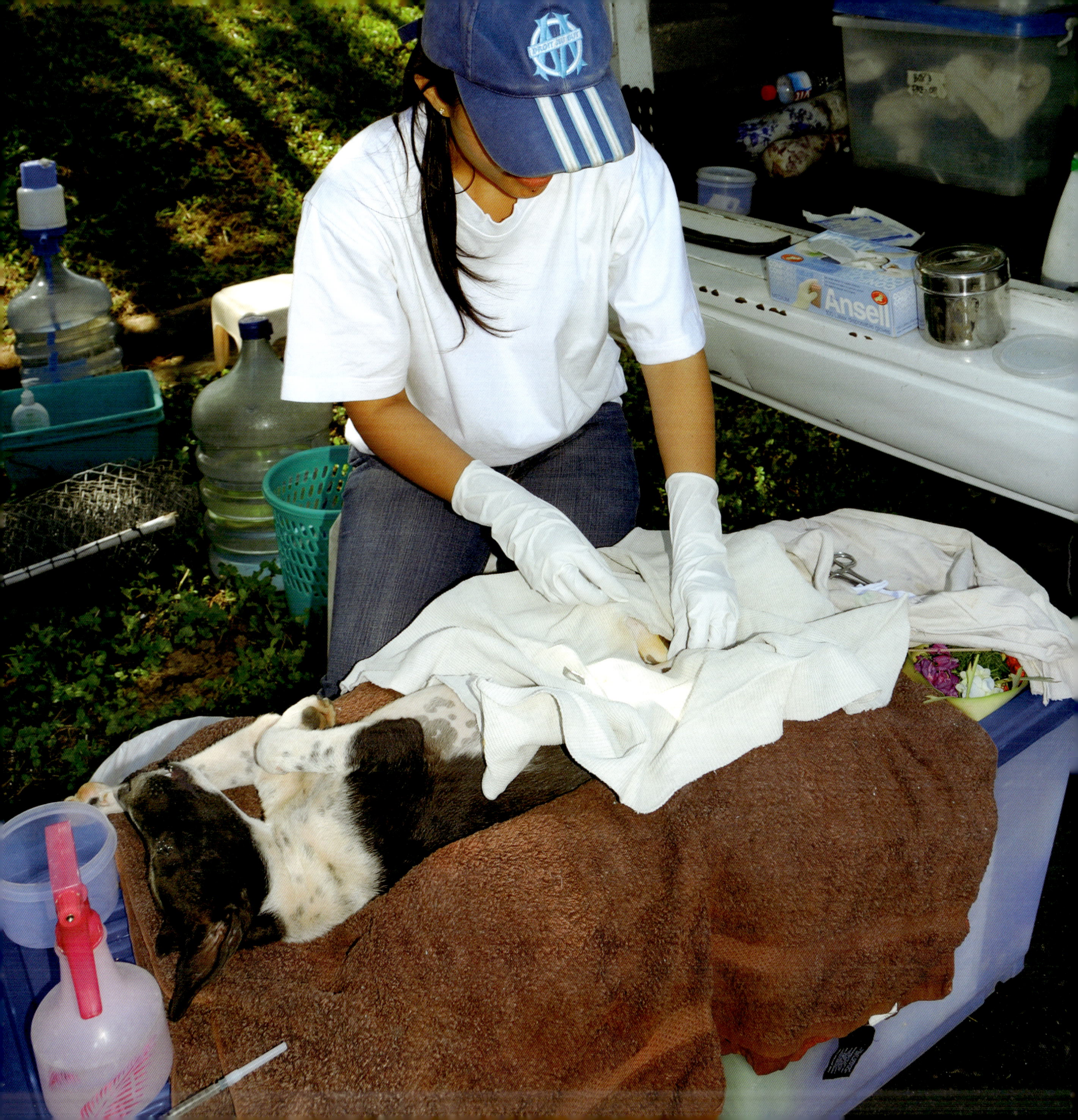
Ansell

闇市の光景

◉宗教儀式と生贄にされるウミガメ

インドネシアのバリ島では、ヒンドゥー教の儀式のために、毎年何千匹ものウミガメが生贄として殺されている。1999年、生息数の減少や海外観光客からの苦情により、インドネシア政府はウミガメの貿易と消費を制限することにした。にもかかわらず、ウミガメを違法に売る闇の市場があちこちに生まれ、ウミガメを生贄にする儀式はなくなっていない。最も多く儀式に使われるのはアオウミガメで、世界中の熱帯から亜熱帯にかけて生息している。甲羅の長さ70～100cm、体重70～230kg。世界的に生息数が減っていて、1982年には絶滅危惧ＩＢ類に登録された。地元民の付き人を装って、ウミガメの闇取引の現場を撮影することにした（写真上）。鍵のかかった倉庫の奥にいたのは、おびただしい数のウミガメ。買い取った地元の人のあとを追うと、彼はそのままなんと海へ。実は彼、闇市で売られるウミガメを買い取っては海に放す保護活動家だったのだ。

干潮（かんちょう）になると水上に顔を出すマングローブの根

◉悲しい幾何学模様（きかがくもよう）

インドネシアのスラウェシ島を空から眺めると、幾何学模様の池が無数に海岸線を埋めていた。インドネシアは養殖エビの供給国。2004～2007年にかけて養殖エビの生産量は約35％増加し、2008年には年間生産量も40万tを超えた。マングローブ林を破壊しては養殖池がつくられてきたのである。その結果、マングローブ林の生態系や沿岸の防災効果が破壊された。さらに、過剰（かじょう）な薬剤や化学物質などが原因で養殖池のエビに病気が発生し、天然のエビへの感染も確認された。また、エビの体内だけではなく、養殖池の土壌や周辺環境にも薬剤や化学物質は蓄積されている。2012年の統計によると、養殖エビ産業の発展などにともない、世界中で38％ものマングローブ林が消失したと試算されている。

◉ピンクイルカの体内汚染

シナウスイロイルカは体長2～2.8m、体重150～200kg。西は紅海、インド洋、東は東シナ海、フィリピン、インドネシア、南はニューギニア島からオーストラリア北部にかけての汽水域（海水と淡水が混じり合っている水域）から浅い海域に生息する。生まれた時の体色は全身が黒あるいは濃い灰色だが、成体では全身ピンクあるいは明るい灰色になる。彼らはほぼ一定の海域を生息域とし、そこから離れることはほとんどないため、工業、農業、生活排水による汚染の影響を強く受けてしまう。中国の香港近海も、彼らにとって危険な生息域になってきている。主な原因は、密漁や埋め立ての増加、海上交通の発達などだ。香港の珠江デルタでは、毎日20億ℓの大腸菌を含む汚水が全く処理されることなくそのまま海へ排出されている。未処理の汚水や化学物質は、海全体の環境も悪化させる。シナウスイロイルカの体内には、水銀などの重金属や農薬、船底や漁網の毒性塗料、合成保存料などが蓄積している。商業的な漁業に対する規制はほとんどないため、漁網による混獲で溺死する被害も増えている。香港だけではなく、上海や東南アジア、インドなどの大都市も状況はほとんど同じだ。

◉PM2.5と550万人の死

世界各地で大気汚染を原因とする死者の数が、2013年に計550万人以上にのぼった。そのうち微小粒子状物質（びしょうりゅうしじょうぶっしつ）「PM2.5」の汚染が深刻な中国とインドの合計死者数が、全体の55％を占めていたという研究報告が、アメリカやカナダ、中国インドの研究チームによって米国国営放送「ボイス・オブ・アメリカ」を通じて発表された。汚染物質を排出する工場や車の排気ガス、石炭の燃焼などが、肺がんなどを引き起こしているのだ。

中国の隣国、モンゴルの首都ウランバートルも、PM2.5による大気汚染に悩んでいる。PM2.5濃度が1000にもなる日がめずらしくなく、その値は日本の環境基準値である35のおよそ28倍にもなる。北京（ペキン）では、500を超えると大きな話題になるが、ウランバートルでは冬の朝晩、こうした状況が日常的なのだという。ウランバートルは燃料に安い石炭を使う。冬の朝晩に首都の大気が白く

第9章

日本
Japan

環境問題は、どこか遠くの出来事ではない。
地球という大きな視点で眺めた時、
ぼくたちが生まれたこの国も無関係ではいられない。

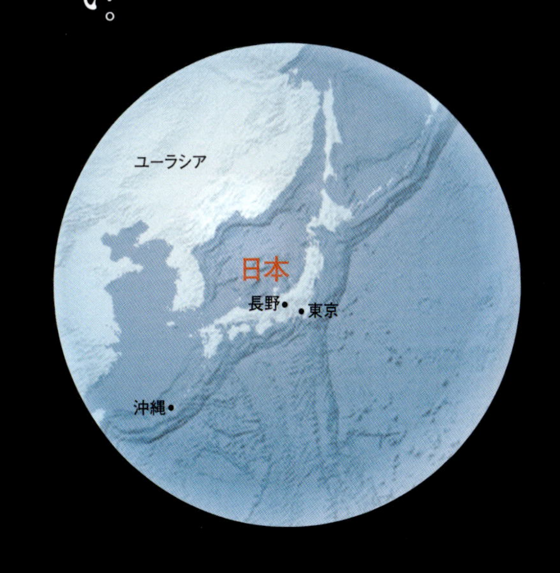

日本とは——。

[位置] 日本はユーラシア大陸東端の沿岸沖に位置する島国。日本列島は、北海道・本州・四国・九州などが主たる島だが、小島も合わせると6852の島からなっている。北端は択捉島カモイワッカ岬、もしくは施政下では宗谷岬沖の弁天島。南端は沖ノ鳥島。東端は南鳥島で、西端は与那国島である。

[面積] 37万7900km^2(陸地の合計)、約447万 km^2(領海と排他的経済水域の合計)

[人口] 1億2698万人(2016年4月)

[気候]・最低気温　−41.0度(北海道旭川　1902年1月)
・最高気温　41.0度(高知県江川崎　2013年8月)
・年間降水量(平均)　札幌1107mm、東京1529mm、那覇2041mm

[植物帯] 混合林(北海道など)、夏緑林(東北地方、関東北部、中部地方、中国山地、四国山地、九州山地など)、温帯常緑広葉樹林(関東南部、関西地方、四国、九州など)、亜熱帯林(沖縄、奄美諸島、小笠原諸島など)

[地形] 国土の約75%を山地が占めている。山の斜面は一般に急傾斜で、大部分は森林に覆われており、国土の68.2%が森林と言える。

[絶滅が心配される主な生物] ほ乳類：イリオモテヤマネコ、ツシマヤマネコ、ニホンカモシカ、ニホンツキノワグマ、エゾオコジョ、ツシマテン、アマミノクロウサギ、オガサワラオオコウモリなど
鳥類：トキ、タンチョウ、ヤンバルクイナ、シマフクロウ、ミゾゴイ、ウミガラス、エトピリカ、ワシミミズクなど
は虫類：イヘヤトカゲモドキ、クメトカゲモドキ、ミヤコカナヘビ、キクザトサワヘビ、ニホンイシガメ、ミヤコヒメヘビなど
両生類：オオサンショウウオ、ハナサキガエル、オットンガエルなど
植物：キキョウ、オナモミ、キンラン、シオン、ヤマホオズキ、ミヤコジマソウ、ノヒメユリ、ハナノキ、ハマビシ、ムラサキなど

[環境問題] 温暖化、外来種や病原菌の侵入、食物連鎖の激変、ヒートアイランド、ゴミ問題、土壌汚染、大気汚染、海洋汚染、海洋生物の乱獲、住民や観光による生息地の破壊、人間による希少種や絶滅危惧種植物の違法採取、海難事故による油汚染。

かつて、日本にもゾウがいた。それは約65万〜42万年前に大陸から渡ってきて、最後の氷河期の最寒冷期にあたる3万〜1.5万年前まで日本列島で生きていたナウマンゾウだ。氷河期は海面が下がり、宗谷海峡は樺太を通じて大陸と陸続きとなっていた。樺太も北海道と地続きで、大陸からナウマンゾウだけでなくマンモスもやってきていた。ゾウだけではなく、オオカミやカワウソ、カモシカ、クマなど、日本の野生動物や植物の祖先の多くが、氷河期に大陸から渡ってきたのだ。そのため、現在日本でみられる生きものたちの多くが、大陸の種と近縁な関係にある。そして最後の氷河期が終わり、宗谷海峡が海水面下に没した約1万3000〜1万2000年前、日本は完全に大陸から離れて、現在の姿である列島となっていった。その頃はまだ、日本列島のほぼ全土が、深い原生の森に覆われていた。

スギ植林地の伐採

*

現在、野生動物が絶滅の危機に瀕しているのは、他の大陸と変わらず日本も同じだ。かつて日本の本州や四国、九州に

生息していたオオカミの1亜種であるニホンオオカミは、1905年に捕獲された若いオスを最後に発見されていない。50年間生存の確認がされていないため、絶滅したとされた。人間による狩猟や毒殺、家畜伝染病、生息地である原生林の破壊やエサの減少などが原因とされている。

日本の環境省レッドリスト2015では、ほ乳類51種、鳥類118種、は虫類53種、両生類42種、昆虫類711種、種子植物とシダ植物を合わせて2076種が、絶滅の心配があるとされている。ちなみに、すでに絶滅が確認されている種は、ほ乳類7種（エゾオオカミ、ニホンオオカミ、ニホンカワウソ2亜種、オキナワオオコウモリ、オガサワラアブラコウモリ、ミヤココキクガシラコウモリ）。鳥類14種（ハシブトゴイ、カンムリツクシガモ、ダイトウノスリ、マミジロクイナ、リュウキュウカラスバト、オガサワラカラスバト、ミヤコショウビン、キタタキ、ダイトウミソサザイ、オガサワラガビチョウなど）。昆虫類4種（カドタメクラチビゴミムシ、コゾノメクラチビゴミムシ、スジゲンゴロウ、キイロネクイハムシ）だ。

エゾシカ

キタキツネ

＊

日本の国土面積約38万km^{2}のうち、現在、国連食糧農業機関（FAO）のデータによると、森林率は68.2%とされている。とはいっても、人の手が全く入らず一度も伐採されたことのない原生林は、ほとんど残っていない。森林の約4割が人工林だ。人の手で植え育てられた人工林の約9割は、スギやヒノキに代表される針葉樹林であり、成長が早く、建築資材等に利用しやすいため、高度成長期（1955～1973年）に原生林などを伐採して、大量に植林された。その他の森は竹林と、原生林に向かう途中の自然林だ。伐採や火災などにより消失したとしても、自然林は自然の力で再生し続けて、長い年月をかけて原生林になる。だが、その自然林の多くが原生林になる前に開発され、住宅地や農地、ゴルフ場、さらに人工林などにかえられてしまう可能性はきわめて高い。

人工林も今や成長をとげ、収穫期を迎えている。ところが、輸入材のほうが安いため、利用されるべき日本の人工林資源が使われず、海外から木材を輸入している現状がある。2009年には約5923万m^3（丸太換算）、つまり日本の木材供給量の約76%の木材が輸入された。

日本で生活するぼくたちは世界の森林に対し、その国の森林伐採や生態系の破壊に関して、消費者としての責任があることを忘れてはいけない。

◉人間にほんろうされるリス

鎌倉大仏の境内で人気者となっているリス。実は彼らは、古くから日本でくらす野生種ではなく、人間によって外国から持ち込まれたタイワンリスだ。ニホンリスよりひと回り大きく、体長20〜22cm、体重360gほど。最初は輸入され、動物園で飼育されたり、ペットとして飼われていたものが野に放たれたり、逃げ出したりして野生化した。送電線や電話線のケーブル、樹木などがかじられてしまったり、お墓へのお供え物が食べられたりする被害が多発している。今では九州から四国、本州では福島県までと分布が拡大している。ニホンリスの生息地に彼らが侵入することで、ニホンリスが地域的に絶滅する可能性も出てきている。タイワンリスは現在5万〜6万匹までに増えていて、場所によっては駆除が始まっている。人間の身勝手さにほんろうされる外来動物の一例だ。

◉追いやられる日本のカメ

公園の池で甲羅干しをするカメたち。よく見ると、彼らも海外からの侵略者だ。カメは長生きのシンボルとして、日本では古くから神社でまつられ大事にされてきた。池の真ん中の石に、カメの大群を発見。ところが、そのほとんどがアメリカ産のミシシッピアカミミガメだった。縁日などで売られている、通称ミドリガメがその正体だ。甲羅の長さ約28cm、体重約2kgになり、日本のイシガメやクサガメよりも大きい。1950年代からペットとして海外から輸入されたものが、飼い主に捨てられ、池や沼で増殖してきたのだ。

そのせいで今、危機に瀕しているのが日本のカメだ。上の写真をみると、石の上にたくさんいたカメの中で、クサガメはたった2匹。甲羅干しの縄張り争いでも突き落とされ、大好物のエサもミシシッピアカミミガメに独占されていた。2016年、環境省の調査で、年間約10万匹輸入されるミシシッピアカミミガメは、現在日本国内で790万9000匹が生息し、98万匹いるイシガメの8倍にのぼることがわかった。彼らがハスの芽を食い荒らし、ハスの花が咲かなくなった池もあり、イシガメの卵を食べるなどの被害も深刻だ。

神社の前に現れたイシガメ

◉トビが人を襲う

「ピーヒョロロロロ」上空高く飛ぶトビの甲高い鳴き声だ。神奈川県江の島海岸上空を20羽もの群れで旋回していた。翼を広げると150～160cmにもなる大型のワシやタカの仲間で、体重0.6～1.2kg。日本全国に生息する。ほとんど羽ばたかず、尾羽で巧みに舵をとり、上空からエサを探す。本来はとても警戒心が強く、人間には近寄らなかった。彼らは自然でとれる虫や小動物、魚を食べてきたが、江の島などの観光地で昔、店や宿泊所が客にトビへの餌付けを勧め、名物となった時期があった。その影響で、徐々に人間が持ち歩く食べ物をねらうようになった。人間にほんろうされる野生動物の姿が、ここにもある。また、航空機との衝突防止のため、飛行場でトビが毎年1000羽以上駆除された時もあった。

ヨーロッパから北アフリカ、中近東には、トビの仲間のアカトビが生息しており、絶滅寸前までいった歴史がある。生息地の破壊と乱獲により、イギリスでは19世紀末までにイングランドとスコットランドで絶滅、ウェールズでは1930年代にわずか2つがいが生きのびるのみだった。保護活動もあり今は生息数を回復しつつあるが、日本のトビが同じ歴史をたどらないか心配だ。

の家
温水シャワ

◉ヒートアイランド——北上を続ける昆虫と植物

大都市の温暖化がものすごいスピードで進んでいる。道路や高層ビルの巨大なコンクリート建造物が太陽の熱を吸収し、外気を暖める。ビルの排気口やエアコンの室外機からも、膨大な熱が排出され続けている。都市部と周辺部の温度を地形図の等高線のように表したとき、大都市だけが高温で孤立した島のように見えることから「ヒートアイランド」と呼ばれている。温暖化やヒートアイランド現象にともない、昆虫の生息地が徐々に北へ拡大している。アオスジアゲハはもともと沖縄を含む西南日本でみられるチョウだったが、本州の中部以北でもふつうにみられるようになった（写真右、東京・虎ノ門にて）。エサのクスノキが都市部で手に入るようになったこともその一因だ。また、植物も同じように影響を受けている。ヤシの仲間であるシュロが、東京都心や郊外で目立つようになってきた。シュロは本来、九州南部に自生する植物で、寒さに弱く、北の方では発芽しても越冬できなかった。しかし、近年の温暖化で冬を越せる確率が上がり、東北地方でもシュロの林が出現している。シュロの種は鳥によって運ばれるために、広い範囲を移動することができるのだ。

◉日本でもデング熱やジカ熱が当たり前になる

地球温暖化やヒートアイランド現象は、昆虫と人間の関係にも影響を及ぼす。デング熱やマラリアなど、死に至るかもしれない病気を運ぶ蚊(か)が、国内で北に向かって勢力を広げつつある。多くの日本人がデング熱やマラリアが流行する地域に観光などで出かける今、病気を持ち帰り、日本で蚊にさされ、広く感染していく。2014年8月、東京都の代々木公園で女性が蚊に刺されたためにデング熱に感染した。その後、わずか2カ月間で160人もの人がデング熱にかかってしまった。さらに2016年、ブラジルで感染拡大が問題になっているジカ熱。実はタイやベトナム、フィリピンでも流行している。ジカ熱に感染した母親から「小頭症(しょうとうしょう)」という病気の赤ちゃんが産まれることもある写真は、感染を媒介(ばいかい)するヒトスジシマカ。日本国内の分布の北限は1950年には栃木県だったが、2010年には秋田県と岩手県にまで広がった。年間の平均気温が11度以上の地域に定着するため、温暖化にともない分布を広げている。

サクラソウ

カキツバタ

クサナギオゴケ

キジムシロ

ミセバヤ

イカリソウ

ムラサキ

ヒトツバタゴ

キキョウ

シラン

◉野生植物の3種に1種が絶滅の恐れあり！

日本に昔から自生してきた種子植物とシダ植物を合わせると、7000種にもなる。多様な植物を育んできた島国、それが日本だ。ところが現在、実に約3種に1種である2076種（環境省2015年）が絶滅の危機にある。豊かな日本の野生植物に、いったい何が起きてしまったのだろうか。

この国では、都市の急激な拡大にともない各地で山林や草地の開発、森林伐採が行われてきた。多くの植物が生活の場を奪（うば）われてきたのだ。また、一部の心ない人々によって、ランなどもともと数が少ない植物も、絶滅の瀬戸際（せとぎわ）まで追いつめられてしまっている。全国各地で園芸目的の採取が行われているからだ。さらに、水辺の野生植物の多くも、河川や湿地（しっち）の開発、埋め立てなどにより、生息場所が失われていて、絶滅の恐れがある。生活排水などによる水質悪化や、農薬による水質汚染が原因で水辺の環境も著しく悪化しているため、事態は深刻だ。

◉カニと交通事故

8月中旬、大潮の夕暮れ時。千葉県房総半島の海岸近くにある森の草むらや岩陰や木陰に異変が起こった。隠れていたカニたちが一斉に道路に集まり、いざ東京湾の海を目指して行進を始めたのだ。しかし、ほとんどがすぐに車にひかれてしまう。「昔はカニたちで道路や庭を埋め尽くすほどだった。でも車がめずらしかったから、交通事故はなかったよ」。富津市でくらすお年寄りは、昭和40年頃までの、真夏にカニがたくさん現れた時代を懐かしく思い出す。彼らはアカテガニといい、ふだんは海岸近くの森や湿地でくらしている。甲羅の大きさは2～5cmほどで、本州から沖縄までみられる。交通事故を免れ、無事に海にたどり着いたメスは体を水につけ、ぶるぶる震わせて幼生たちを一斉に海に放つ。
昭和40年を過ぎた頃から、徐々にアカテガニの減少は始まったようだ。「昔の美しかった海岸はもうどこにもない」お年寄りはなげく。房総だけのことではなく、日本全国にあった海岸沿いの原生林が開発され、舗装道路や住宅地にかえられた。それでもまだ、車がめったにやってこない、アカテガニがくらせる数少ない自然が残る場所もある。人間が守っていかなければ、すぐに消え去ってしまうであろう、貴重な自然だ。

◉毎年1万頭以上駆除される天然記念物のサル

夏の終わり、長野県の地獄谷を訪れた。急斜面に囲まれ、森の中を30分も歩くと天然温泉があり、ニホンザルが現れてくる。200頭ほどいるサルたちを集めるため、野猿公苑では日に数回エサを与えている。十分なエサにありつけなかった子ザルが、人間の放置したビニールやゴミをエサと間違えて口に入れていた。ニホンザルは体長50～記念物として保護される一方、畑や果樹園を荒らしたり、民家に侵入して食料を盗んだりしている。電気柵の設置も行われていて、千葉県では300km以上にも及ぶ。それでも被害を食い止められず、有害獣として長い間捕獲されてきた。それに加え、2002年より個体数調整という制度が始まり、増えすぎたサルも駆除されるようになっ

◉ワインキャップを背負うヤドカリ

沖縄県で、巻貝の貝殻の代わりに、ワインボトルのプラスチックキャップを背負うオカヤドカリをみつけた。自然の貝殻よりも軽いので、すみ心地がいいのかもしれない。海岸に大量に流れ着くプラスチックなどの人工物が、これからも増えていけば、プラスチックヤドカリが当たり前の光景になるかもしれない。漂着ゴミの多い海岸にくらしているオカヤドカリからは、毒性のある重金属類の鉛やバリウム、PCB(ポリ塩化ビフェニル)などの残留性有機汚染物質が多く検出された。検出された有害物質は、海岸に漂着したプラスチックが原因となっている可能性がある。

コラム　漂着ゴミ

日本の環境省の発表によると、2009年の漂着ゴミ推計現存量は6万8532tだったのが、2011年には7万6344tに増えていた。漂着物の個数が多いものから、発泡スチロール破片、硬質プラスチック破片、ロープやひも(プラスチック製を含む)、ふたやキャップ、プラスチックシートや袋の破片となっている。いかにプラスチックが多いかわかるだろう。

◉イルカとクジラの体内汚染

千葉県九十九里浜に70頭ものカズハゴンドウが打ち上げられたのは、2006年2月のこと。カズハゴンドウはイルカの仲間だ。体長約2.7m、体重200kgほど。死んだ彼らの体内からは、高濃度の残留性有機汚染物質が発見された。日本ではだぶついたクジラ肉の在庫を売り込むため、学校給食などでの消費拡大の動きがいまだにある。ここで心配されるのが、クジラが汚染されているという事実だ。PCBやダイオキシンは食物連鎖とともに濃縮され、メチル水銀同様に、長生きするクジラに蓄積しやすい。厚生労働省食品保健部などによる検査から、日本沿岸で捕れるハクジラ類、特にイルカなどの皮の内側にある脂肪層にPCBが、また筋肉や内臓に水銀が、国の基準値を大きく超える数値で検出された。南極海で捕獲されているミンククジラからもダイオキシン汚染が報告されていて、含有量は徐々に増える傾向にある。かつての水俣病からもわかるように、これらを摂取して最も被害にあいやすいのは、妊婦と子どもたちだ。しかし、いくつかの学校では学校給食週間と銘打ち、いまだにクジラが提供されている。食の安全のためにも、販売されているクジラの肉や脂肪、内臓に蓄積されている汚染物質の詳細な情報開示が必要であろう。

ゴミ山を漁るガラパゴスフィンチ

第10章

世界遺産 World Heritage

世界遺産に登録されることは、
必ずしもいいことばかりではない。
それは時に、死刑宣告ともなりうる。

1972年、ユネスコ（国連教育科学文化機関）は世界遺産条約を採択（191カ国が締結）。文化遺産・自然遺産・複合遺産に分類され、10の登録基準が定められている。まさに人類共通の宝だが、戦争・観光・気候変動などのために存続が危ぶまれる危機遺産が増えている。世界遺産1052件中危機遺産は55件、自然遺産203件中18件が危機にあるとされる（2016年度）。

◎ガラパゴス諸島――ゴミと外来種が島をむしばむ

赤道直下、南米エクアドルに属し、西岸に広がる太平洋沖合約1000km地点にガラパゴス諸島がある。大陸から遠く孤立していたからこそ、ガラパゴスは新しい動植物を生み出し、独自の進化をとげてきた。その自然科学的特徴や自然の美しさが際立っていることから、1978年、世界自然遺産第1号として登録された。
その後、観光客がガラパゴスに殺到し、自然環境は激変した。急激な人口増加にともないゴミが増え、原生林を切り開いてつくられたゴミ捨て場では、ゴミが分別されないまま24時間野焼きされている。フィンチなどの野生動物が、食べ物を求めてゴミ捨て場に集うようになってしまった。この島には太古から生育している植物が550種ほどあるが、世界遺産登録の年に77種の外来植物が確認され、2006年には750種に増えていた。原生の森が外来種によって破壊されている。2007年、ユネスコの世界遺産委員会は、ガラパゴス諸島を緊急の保護対策が必要な「危機遺産リスト」に移した。2010年には解除されたが、政府による環境保護プログラムが継続されることが条件となっている。

ゴミ捨て場に集まるウミイグアナ

◉海で傷つき溺死する野生動物

2001年、ガラパゴス周辺の海洋保護区も、世界自然遺産に追加登録された。固有種であるアシカやアザラシ、ペリカンの繁殖地は保護されているのだが、彼らのエサ場である海は、人間の漁場と重なっている。漁船のスクリューに接触し、致命傷をおうような事故が起きていた。

こういった野生動物と人間とのあつれきは、世界中の海で起きていることだ。特に、延縄漁や刺網漁による被害は甚大だ。釣糸や漁網に絡まって溺死する海鳥やイルカ、アシカ、ウミガメなどが毎年、世界中で200万個体はいると見積もられている。

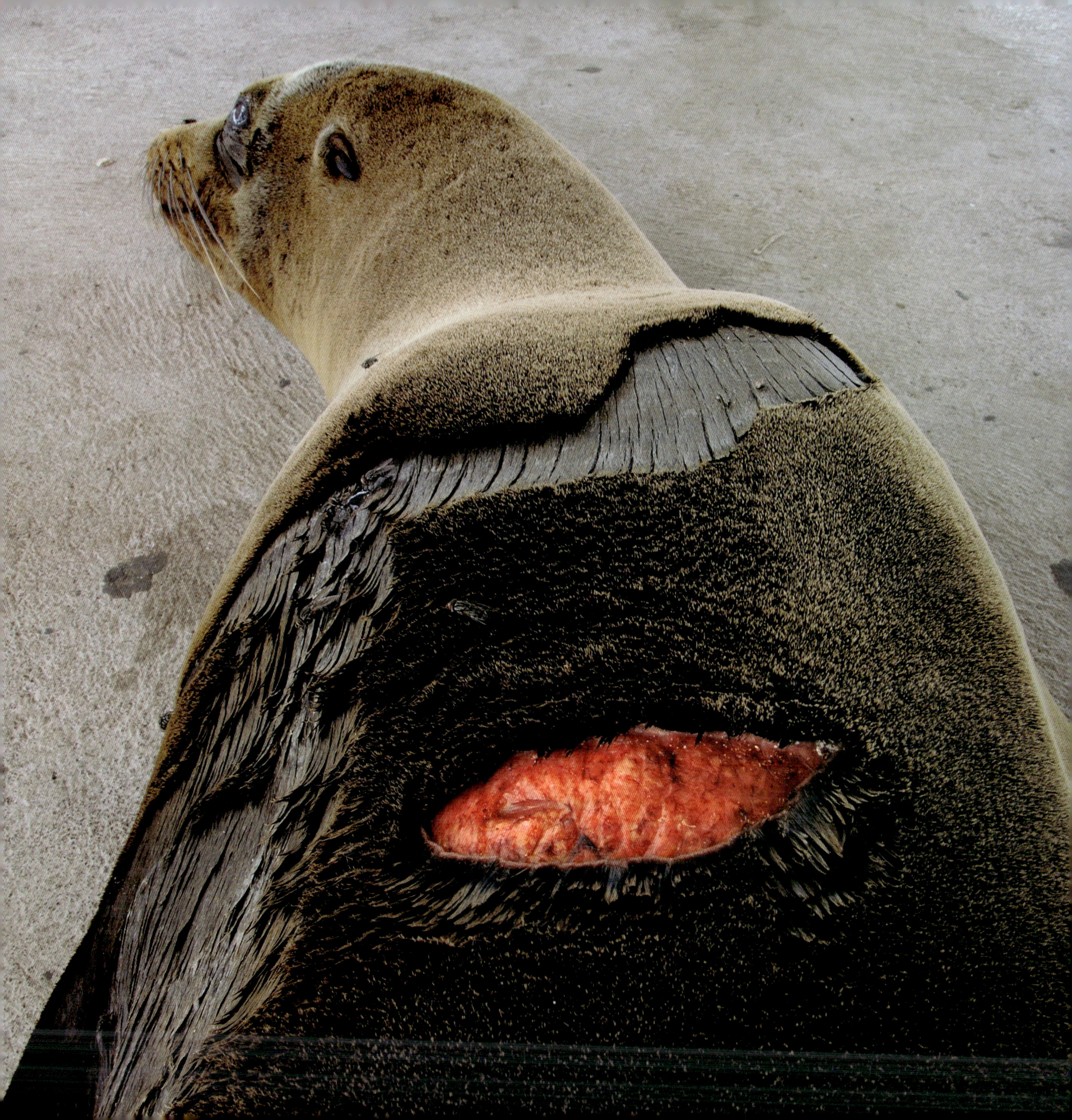

◎ラパ・ヌイ——ゴミに埋もれていく島

チリ領ラパ・ヌイは別名イースター島として知られ、南米大陸から西へ3700km、タヒチから東へ4000kmほどの太平洋上にある、面積180km²ほどの小さな島だ。世界文化遺産に登録されたのは1995年。7～17世紀にわたってつくられたと言われる900体の巨石像（きょせきぞう）モアイが有名だ。世界遺産になってから観光客が急激に増え、ゴミの処理が追いついていない。 焼却施設がないのだ。観光客や住民から出る分別されないゴミが、日々増え続けている。2010年にぼくが訪れた時、けがをして働けなくなったウマが生きたまま捨てられていた（左写真中央）。2001年まで、島のゴミは大陸のチリ本土に送られていたのだが、2002年、島でデング熱が発見されたのを機に、チリ政府は島から本土へのゴミの受け入れを禁止してしまった。ラパ・ヌイには、ユーカリの小さな人工林（じんこうりん）を除くと森は見当たらない。しかし、島はかつて固有の植物が生育する森で覆（おお）われていたことが、地中に残された花粉の分析からわかっている。諸説あるのだが、4～13世紀の間に突如（とつじょ）やってきた人間とネズミによって森が破壊され、再生できずに消滅（しょうめつ）したと言われている。

地雷で右前足を失ったゾウ「サマ」

ポロンナルワの遺跡

地雷で右脚を失った男性

◉スリランカの古都ポロンナルワ——地雷を踏んだゾウと人間

ポロンナルワはスリランカ中東部にある中世の古都で、1017～1255年まで首都だった。仏教都市として繁栄を極め、仏教文化の華が開いた。美しい自然に囲まれた環境や、古都の建築などが観光客を集めていて、1982年には世界文化遺産にも登録された。しかし1983年、スリランカでタミル人による独立運動が起き、政府軍との内戦が26年間続いた。ポロンナルワから北が戦場となって、紛争地帯に160万個の地雷が埋められた。地雷で多くの人間が命を落とし、傷ついた。被害は人間だけにとどまらず、森に生息する野生ゾウたちの命も奪っていった。

奇跡的に人間によって助けられたゾウがいる。野生のオスの子ゾウが2002年に地雷を踏んでしまい、右前足の先端が吹き飛ばされてしまったのだが、人間に救出され一命をとりとめた。現在も世界中に1億個以上の地雷が埋まっているとされ、今まで地雷で命を落としたアジアゾウが1万頭以上いると言われる。ここには、スリランカ内戦だけでなくベトナム戦争やラオス内戦、カンボジア内戦、ミャンマー内戦で犠牲になったゾウも含まれる。スリランカの地雷を踏んだ子ゾウには「サマ」という名前がつけられた。「希望」という言葉で、戦争がない世界への願いが込められている。

◉ミャンマーのバガン――原形をとどめない修復とゴミ問題

ミャンマーは多民族国家で、人口の6割をビルマ族が占め、他に100以上もの少数民族がくらしている。中西部のバガンは世界三大仏教遺跡として、インドネシアのボロブドゥール、カンボジアのアンコールワットとともに知られている。建造されたのは11～13世紀で、大小さまざまな「パゴダ」と呼ばれる仏塔(ぶっとう)が3000棟(とう)以上も点在している。その神秘的な絶景と歴史的価値から、1996年にユネスコ世界遺産暫定(ざんてい)リストに記載(きさい)された。

「暫定リスト」とは、世界遺産登録のため、5～10年以内に推薦(すいせん)しようとしている遺産リストのことである。だが、それから20年が過ぎようとしている。世界遺産の登録には、歴史的価値が保たれていなければならないが、パゴダの床や壁(かべ)の修復に使われたのは現代的なタイルやコンクリートだった。原形をとどめない修復が、登録の妨げとなっている。さらに、パゴダ周辺に無秩序に大量のゴミが違法投棄(とうき)されている現状もある。日本を含め、世界遺産を持つ国々が、資金や技術的な援助(えんじょ)を行うべきではないだろうか。

立ち漕ぎで伏せ網漁を行うインダー族

◉ミャンマーのインレー湖――森の破壊で湖が消える

インレー湖はミャンマーの中部に位置する淡水湖で、南北18km、東西5kmに広がる縦長の湖である。湖では先住民のインダー族が、伝統的な漁業と農業を営みながら生活している。その自然と民族の文化的価値から、バガンと同じ1996年にユネスコ世界遺産暫定リストに記載された。
湖水は、周辺の山の自然林から流れてくる河川と地下水によって保たされてきた。だが、森の伐採により、雨が降ると河川への土砂流入が起きてしまっている。湖に土砂がたまり、水深が極端に浅くなってきているのだ。伐採によって森の保水力も失われ、湖の貯水量の減少が起きている。また、南米原産の外来水草ホテイアオイも大きな問題だ。急速に増殖したホテイアオイは河川や湖の表面を覆い、もとから湖に生息している動植物の栄養分と日光を奪っているのだ。加えて、ソウギョなどの外来種の魚類が湖の生態系に与える影響も心配されている。こういった要因が、世界遺産登録に向けた障害なのだ。ここでも、海外からの技術指導が早急に望まれる。

終章

再生の現場

Regeneration

こわすのが人間なら、直すのも人間だ。
自然と人間が手を取り合い、微笑む——
ぼくたちはそんな未来をつくれるだろうか。

「持続可能な開発」——この言葉が初めて国際社会に登場したのは1980年。この理念の実現のために、人は数々の目標を打ち立ててきた。2015年の国連総会でも、新たな指針「2030アジェンダ」が採択されている。人は、自然や他の生きものなしに生きられない。だが、資源は有限で、自然の再生力も無限ではない。開発と再生。ぼくたちに与えられた課題は、なお大きい。

◉森再生プロジェクト①
——ガラパゴス、ゾウガメの森

2007年、世界自然遺産第1号のガラパゴス諸島が、ついに危機遺産リストに移された。人口と観光客の増加にともない外来種が大量に島に流入し、ガラパゴスゾウガメがくらす原生の森が急速に破壊されてしまったからだ。サンタ・クルス島では、かつて数万 haあった原生林が、今や約100haにまで減少。本来、原生の森はガラパゴスに昔から生育する植物で形成されていた。2006年からは、森を再生するために原生林復活プロジェクトが開始されている。ガラパゴス自然保護基金が主導する、国立公園局やチャールズ・ダーウィン研究所、ガラパゴス高校、国際NGOピースボートなどとの共同プロジェクトだ。初期に植樹した固有種の苗は、今では7mを超える大きさに成長して林となり、残されていた小さな原生林とつながった。

◉森再生プロジェクト②——マダガスカル、シファカの森

マダガスカル南部のシファカがくらすトゲが特徴的な乾燥林、別名スパイニーフォレストや、北東部のインドリ（サルの仲間）がすむ雨林の伐採も続く。人口が増え続け、職も農地もない大勢の人たちが、違法に薪を採取したり、木炭をつくったりして生計を立てている。このまま森がなくなれば彼らにとっても死活問題だ。コンサベーション・インターナショナル（CI）や、ボランティア・サザンクロス・ジャパン協会、国際NGOピースボート、地元のNGOなどが植林プロジェクトを推進している。世界自然保護基金（WWF）によると、マダガスカルの森は2001～2005年に10%にまで減少し、全国土の10%にあたる面積の木々が切られたという。こわすのも人間だが、ここまで破壊の規模が大きくなると、直すことができるのも人間しかいない。森の再生と同時に、伐採に頼らずにすむ持続可能な共存を地域住民主体で行えるような援助が、援助国の急務と言える。

◉サンゴ礁の再生と地域経済

世界的な観光地として有名なインドネシアのバリ島。かつてサンゴ礁が広がる海にはたくさんの魚が生息し、豊かな沿岸漁業が行われていた。しかし、観光のための開発が進むうちに海が破壊されていった。観光客の増加にともなって魚の需要も高まり、漁師はダイナマイトを使って一網打尽に捕まえる漁を始めた。それは、魚のすみかであり産卵場所であるサンゴ礁の破壊を意味した。魚が海から消えたため、漁師たちは生計を立てるのが難しくなってしまった。やがて、地元の若い漁師たちはサンゴの復活を願い、オーストラリア人の研究者から指導を受け、海中にやぐらを築きサンゴの牧場をつくり始めた。生きたサンゴのかけらを挿し木のかたちで分けて増やす単純な方法だが、これがうまくいってサンゴ礁にくらす魚や海藻などが戻ってきている。彼らはサンゴ礁の再生とは別に、観光客のお土産用のサンゴも育てることで、再生のための資金としている。人間の経済と自然の再生がうまく共存し始めた好例だ。

◉トナカイ、復活への道

トナカイの亜種（あしゅ）であるフィンランドモリトナカイは、体長180～220cm、体重150～250kg。17世紀までは、フィンランドとロシア西部全体に生息していた。しかし、18世紀になるとロシアのわずか2カ所で生き残っていた野生種が、狩猟（しゅりょう）によって姿を消してしまった。捕まった彼らは家畜（かちく）にされ、林業による生息地の破壊もあり、19世紀終わりまでにはフィンランドでも野生種はほぼ絶滅（ぜつめつ）状態になった。1979～1980年、わずかに飼育されていたトナカイがフィンランド国立公園に再導入された。飼育員の努力のかいもあって、今では生息数も順調に回復してきている。再生の努力は、同じヨーロッパでも続けられている。ユーラシア大陸の章で紹介したヨーロッパバイソン、ユーラシアカワウソ、ヨーロッパヤマネコ、アイベックスも同じ道をたどっているのだ。

◉絶滅したオリックスの二度目の未来

アラビアオリックスはウシ科オリックス属に分類され、体長160～178cm、体重65～75kg。角がまっすぐに伸びているため、伝説の一角獣のモデルとする説もある。かつてエジプトからアラビア半島、イラクまで生息していたが、食用や毛皮目的だけでなく伝統薬として、またシャーマンや部族の長の権威の象徴として角が狩猟されてきた。1960年代、中央と南部オマーンの一部に残っていたが、最後の野生種が1972年に死亡し、絶滅してしまった。幸いにも飼育された個体は生き残っていたため、1982年にオマーン保護区へ再導入された。その後、サウジアラビア、イスラエル、アラブ首長国連邦、ヨルダンでも野生に戻された。しかし、再導入された個体は一時期増えていたが、飼育目的の密猟により再び減少している地域もある。彼らに二度の絶滅を味わわせてはいけない。

19世紀中頃に南アのケープ州で捕獲(ほかく)されたメスの子馬クアッガ

◉絶滅シマウマ再生の夢、その結末は?

縞(しま)が胴体(どうたい)の前半分までしかない大型のシマウマ、クアッガは、17世紀の南アフリカに数多く生息していた。体長約250cm、体重250〜300kg。クアッガという名前は、いななきが「クアッハ」と聞こえたことに由来する。1811年、1万5000頭というおびただしい数の野生のクアッガが、食料と皮目的のために射殺された。1878年には、野生最後の1頭が姿を消した。その頃、ヨーロッパへ送られたクアッガが、動物園などで生き残っていた。しかし1883年、地球上最後の1頭となったオランダの動物園のメスが死んでしまい、絶滅に至った。

だが1987年、クアッガの剥製(はくせい)に残っていた肉片に含まれるDNAが、サバンナシマウマと一致することが判明。南アフリカ博物館の故レイン・ハルト・ロウ氏は「クアッガがサバンナシマウマの1亜種ならば、よみがえらせられる可能性がある」と考えた。こうしてクアッガの再生を目的としたプロジェクトが同年から続けられている。模様や体色など、クアッガの特徴を備えたサバンナシマウマを選んでかけ合わせていくことで、同じ外見のシマウマをつくり出そうとしているのだ。だが、人間がつくり出したものと自然の中で進化してきたものとが、同じ種になりうるかは、誰にもわからない。

南アに生息するサバンナシマウマ。縞の少ない個体をかけ合わせクアッガの復元を目指す

◉レスキューファミリー①——ハヤブサが飛び立つ日

オーストラリア・タスマニア島。ここには「レスキューファミリー」と呼ばれる、ボランティアの人々がいる。傷ついた野生動物を自宅で24時間保護しているのだ。高圧線にでも引っかかったのか、翼を痛めた野生のチャイロハヤブサが丁寧(ていねい)な治療を受けていた。体長は40～50cmで、生息数は減少している。1カ月後、けがが治ったチャイロハヤブサが、ネットの張られたさくらんぼ畑に連れていかれた。自分の力で自然に帰れるよう、トレーニングするためだ。「さあ、羽ばたいて」とスタッフが手を放す。一度目は失敗。「今度こそ」二度目、三度目……五度目で飛び立った！　勇気を取り戻した彼は3日後、力強く空を舞い、自然へと帰っていった。

◉レスキューファミリー②――愛するパディメロンとの別れの日

タスマニアにすむドイルさんの庭では、タスマニア固有種のタスマニアンパディメロン（小型のカンガルーの仲間）が保護されていた。尻尾を除いた体長は52～65cmで、体重は4～12kg。1920年代までオーストラリア大陸にも同種のパディメロンが生息していたのだが、外来種のキツネによって捕食され、大陸では絶滅した。母親を交通事故で亡くしたパディメロンを、夫婦は我が子のように世話をしてきた。しかし、どんなにかわいがってもずっと一緒にくらせるわけではない。野生に返す時が近づいていた。パディメロンが1歳の誕生日を迎える頃、彼を連れて家から遠く離れた草原に向かった。一人ぼっちにされたパディメロンは、夫婦の姿をずっと探していた。

◉モンゴルに帰ってきた野生のウマたち

モウコノウマは、シマウマ、ノロバ（ロバの原種）と同様に現存する野生馬で、かつてアジア中央部、特にモンゴル周辺にたくさん生息していた。家畜ウマの祖先のひとつで、体長220～260cm、体重200～300kg。肉や皮目的の狩猟だけではなく、干ばつ時に水場で家畜と競合することを防ぐために殺され続けてきた。1968年頃、野生の最後の1頭が殺され絶滅した。

しかし、絶滅前に多くのモウコノウマが欧米諸国の動物園に送られていたため、その子孫は生きのびていた。1990年代になると、モンゴルのホスタイ国立公園で再導入が行われ、今は100頭以上に回復している。中国の新疆ウイグル自治区など、各地で再導入が始まっている。

ホスタイ国立公園

◉トキがいる空を取り戻せるか

トキはかつて日本中の田畑に現れ、エサをついばみ近くの森で繁殖していた。しかし、2003年10月、日本最後の野生のトキが死んだ。その後、中国から譲り受けたトキを新潟県佐渡島にある佐渡トキ保護センターで繁殖させた。現在は自然に放鳥されている。

アフリカクロトキも、日本のトキと同じように、地域的に絶滅の危機にみまわれた。南アフリカ・ケープタウン郊外のロンデブレイ鳥類保護区の沼では、かつて数千羽のアフリカクロトキが繁殖していた。しかし、1980年代半ば、その数は18羽にまで急減。町の発展とともに生活排水が流れ込むようになり、沼が悪臭を放つようになったことで、トキが繁殖をあきらめ、姿をみせなくなったのだ。町の人々は驚き、政府に働きかけて汚水の流れ込みを制限し、汚水処理場をつくった。こうして、汚染された沼に再びきれいな水が流れるようになった。数年後、なんとアフリカクロトキは戻ってきた！

現在、そこは再びトキの繁殖地となり、800羽を超えるまでになった。空一面に飛ぶトキ。この風景を、日本も取り戻すことができるだろうか。

ぼくたちがつくる地球の未来

藤原幸一

約40億年前、地球に生命が誕生した。その後、生命は多様な進化を遂げてきた。その壮大な歴史の中で、人類が誕生したのはわずか数百万年前のことであり、ぼくたちホモ・サピエンスが出現したのは40万〜25万年前のことにすぎない。ホモ・サピエンスは、おそらく地球上で最も繁栄に成功した種であり、同時に、最も支配的な種だと言える。

過去50年で、世界の人口は爆発的に増えた。1950年に25億人だった人口は現在、70億人を超えている。2015年の国連予測によると、2050年には97億人になるという。地球では、増え続ける人間によって大量のエネルギーが消費され、大量の食料が生産され続けている。ぼくたちは、自分たちが生きるために、自分たちがくらす地球の環境を危機に追いやっているのだ。

環境破壊は、なぜ進むのだろう？　人間が、より豊かな生活を求めているからだ。WWF（世界自然保護基金）いわく、「世界中の人が日本人と同じくらしをしたら、地球が2.3個必要になる」。地球の破壊は、陸だけにとどまらず、海でも進んでいる。破壊の規模も、もはや自然の回復力をはるかに上回ってしまった。ぼくは、この本を通じて、この地球には人間だけでなく、ともにくらしているたくさんの生きものたちがいることを、改めて考えてもらいたかった。

地球がまだ豊かな原生林で覆われていた頃には、1年間に1種の生物が滅んでいくという自然な時の流れがあった。しかし、今やその数は1日100種はくだらない。現代が「絶滅の時代」と言われるゆえんだ。世界では、毎日のように原生の森だけでも100km²以上が失われている。この森で長い年月をかけ進化してきた、まだ学名さえないような生きものたちまでもが、滅んでしまっている。

この地球に、野生の生きものたちがくらせる場所は、残されているだろうか？　生息地の破壊と過度な狩猟。毛皮や薬を目的とした密猟の横行。そんな現状を打ち破り、絶滅を回避するために、国際会議が開かれ、彼らの命を守るための保護協定が結ばれた。これで野生動物が無制限に殺されることはなくなる。動物たちの未来にやっと光がさす。そう思われた。

しかし、今度はさらに大きな問題が持ち上がってきた。地球温暖化である。温暖化は、北極や南極の氷を融かし、ホッキョクグマやアザラシやペンギンたちを絶滅の危機に追いやっている。異常気象も多発するようになり、食料不足や水不足は、もはや野生動物たちだけの問題ではなくなった。このままいけば、おそらく100年も経たないうちに、海氷は極地から消え、原生の森も破壊し尽くされるだろう。その時、野生の生きものたちは、いったいどこに行けばいいのだろうか？

酸素も食料も、エネルギーも衣類も薬も、ぼくたち人間は、地球の恵みに生かされている。ぼくたちがもしこのまま破壊を続けるのなら、他の生きものたちと地球の資源を分かち合いながら生きることができないのなら、残されるのは、野生の生きものたちのいない、汚染だけが進んだ地球だろう。

ぼくたちは、これから生まれる子どもたちに、未来に、どんな地球を残したいだろうか。それは、「美しい地球」だろうか。

破壊か再生か。未来を決めるのは、ぼくたちの小さな一歩だ。

謝辞

まずは「序文にかえて」を寄せていただき、生きものに対する造詣が深く、地球環境の悪化をいつも心配されているバードライフ・インターナショナル名誉総裁であられる高円宮妃久子殿下に、心から感謝の意を表したい。長年にわたって、ぼくの仕事を熱心に見守ってくださり、温かいお言葉に、いつも力をいただいている。
さらにこの本を製作するにあたって、それぞれの専門の立場から情報や助言を下さった方々に感謝を述べたい。この本が完成するまでに、海外の人たちも含め多くの方々にお世話になった。

Acknowledgements ———
I am very grateful for the assistance received from the following people and specialists all over the world to achieve this book. First and foremost I owe my thanks to Mr.Reinhold Raw for his help to my photography and enthusiasm in his project. In 1987 he commenced the Quagga re-breeding project. Quagga was exterminated during the second half of 19th century. Secondly, I wish to thank Mr. Otabe Nobuhide who supported the book "Antarctic Meltdown" in beginnings.

Special thanks to Vivant Akone, Juan Carlos Arrieu, Dr. Rachel Atkinson, Blanca Bohorque, Tony Blignaut, Roslyn Cameron, Eduardo Espinosa, Mathias Espinosa, Gamo Yasushige, Dr. Andriamialison Haingoson, Dr. Fiona Hunter, Kato Gaku, Kobayashi Satoshi, Komori Shigeki, Kojima Kiyomi, Kurosawa Tairiku, Kushibuchi Mari, Garry Lee Lemmer, Sankar and Joy Maker, NHK, NTV, Okuno Atsushi, Sylvain Rafiadana-Ntsoa, Jeanclaude Rakotoarivelo, Nanie Ratsifandrihamanana, Dr. Herilala Randriamahazo, Dr. Graham Robertson, Rivo Robinson, SANCCOB, Sato Hiromitsu, Philippa Scott, Shima Taizo, Shimizu Hoshito, Shimoda Akira, Dr. Shinagawa Akira, Dr. Soma Takayo, Tony Soper, Edgar Spänhauer, Sugawara Shigeru, Torii Michiyoshi, Dr. Lyle Vail, Carlos Vairo, Bill Walker, Todd Walsh and Yasuda Tomooki.

なお、出版に際して、編集にたずさわっていただいたポプラ社の天野潤平氏は、優れた知見でねばり強くぼくを励ましてくれた。厚く御礼申し上げたい。

参考資料

主な参考文献

● Atkinson, R. and Sevathian, J. C. (2007). *A guide to the plants in Mauritius.* Mauritian Wildlife Foundation, Mauritius.
● Barbieri, G. P. (1995). *Madagascar*. The Harvill Press, London.
● Day, D. (1989). *THE ENCYCLOPEDIA OF VANISHED SPECIES*, McLaren Publishing, Hong Kong.
● Eriksen, M. et al. (2014). Plastic Pollution in the World's Oceans : More than 5 Trillion Plastic Pieces Weighing over 250,000 Tons Afloat at Sea. *journal. pone*., 10.1371.
● Goodman, S. M. and J. P. Benstead (eds.)(2003). *The Natural History of Madagascar*. The University of Chicago Press, Chicago.
● Grihault, A. (2005). *DODO –THE BIRD BEHIND THE LEGEND.* Imprimerie & Papeterie Commerciale, Mauritius.
● Jolly, A, Sussman, R. W. et al. (eds.)(2006). *Ringtailed Lemur Biology*. Springer, New York.
● Marchant, S. et al. (eds.) (1990). *Handbook of Australian, New Zealand and Antarctic Birds*, Vol. 1A. Oxford University Press, Melbourne.
● Mittermeier, R. A. et al. (2008). Lemur diversity in Madagascar. *Int.J. Primatol*., 29: 1607–1656.
● Watts, D. (1987). *TASMANIAN MAMMALS*. Tasmanian Conservation Trust, Tasmania.
● Weddell, B. J. (2002). *Conserving Living Natural Resources: In the Context of a Changing World*. Cambridge University Press. p. 46.
● Williams, T.D. (1995). *The Penguins: Spheniscidae (Bird Families of the World)*. Oxford University Press, UK.
● 今泉忠明、小宮輝之（監）(2002)『学研の大図鑑　世界絶滅危機動物』学習研究社
● 今泉吉典（監）(1988)『世界哺乳類和名辞典』平凡社
● 神沼克伊 (1983)『南極情報101』岩波書店
● 国立極地研究所（編）(1990)『南極科学館』古今書院
● D. W. マクドナルド（編）(1986)『動物大百科』平凡社
● 内藤靖彦（監）(2001)『極地の哺乳類・鳥類』桜桃書房
● 山階芳麿 (1986)『世界鳥類和名辞典』大学書林

主な参考 WEB

● A Side of Dolphin with Your Shrimp Cocktail (Op-Ed)
http://www.livescience.com/42395-laws-cutting-fishing-bycatch.html
● Australian Antarctic Division　http://www.antarctica.gov.au/
● Conservation International　http://www.conservation.org/Pages/default.aspx
● Global Forest Resources Assessments 2015
http://www.fao.org/forest-resources-assessment/en/
● Intact Forest Landscapes　http://intactforests.org/world.map.html
● International Association of Antarctica Tour Operators (IAATO)
http://iaato.org/home
● National Geographic　http://www.nationalgeographic.com/
● The IUCN Red List of Threatened Species　http://www.iucnredlist.org/
● TRAFFIC the wildlife trade monitoring network　http://www.traffic.org/
● United Nations Environment Programme (UNEP)　http://www.unep.org/
● Voice of America　http://www.voanews.com/
● Yahoo! JAPAN　http://www.yahoo.co.jp/
● IUCN 日本委員会　http://www.iucn.jp/about-iucn-13.html
● カエル、イモリなどの減少の原因　両生類界の新興感染症の脅威
https://thepage.jp/detail/20160105-00000005-wordleaf
● 環境省　http://www.env.go.jp/
● 環境省　海洋ごみ（漂流・漂着・海底ごみ）対策
http://www.env.go.jp/water/marine_litter/
● 環境省レッドリスト　http://www.env.go.jp/press/101457.html
● 気象庁・南極オゾンホールの年最大面積の経年変化
http://www.data.jma.go.jp/gmd/env/ozonehp/link_hole_areamax.html
● 経済産業省　貿易管理（ワシントン条約）
http://www.meti.go.jp/policy/external_economy/trade_control/
● 国立環境研究所・侵入生物データベース
https://www.nies.go.jp/biodiversity/invasive/
● 国立感染症研究所　http://www.nih.go.jp/niid/ja/
● 国立極地研究所　http://www.nipr.ac.jp/
● 昆虫・微生物類等の植物防疫法における規制の有無に関するデータベース
http://www.pps.go.jp/rgltsrch/
● （一財）地球・人間環境フォーラム　http://www.gef.or.jp/
● 財務省貿易統計　http://www.customs.go.jp/toukei/info/
●「人口爆発」の時代に突入するアフリカ　白戸圭一
http://www.huffingtonpost.jp/foresight/africa-population_b_7980802.html
● 森林・林業学習館　http://www.shinrin-ringyou.com/
● WWFジャパン　https://www.wwf.or.jp/
● 鳥取大学乾燥地研究センター
https://www.alrc.tottori-u.ac.jp/japanese/index.html
● 南極条約・環境保護に関する南極条約議定書
http://www.mofa.go.jp/mofaj/gaiko/kankyo/jyoyaku/s_pole.html
● 日本経済新聞　http://www.nikkei.com/
● ニホンザルの現状
https://www.env.go.jp/nature/choju/conf/conf_wp/conf05-03/mat01-1.pdf
● 日本のレッドデータ検索システム　http://www.jpnrdb.com/index.html
● バードライフ・インターナショナル東京　http://tokyo.birdlife.org/

索引

索引には重要と思われる用語を選びました。見開き、または3頁以上にわたって同じ項目が出てくる場合、「-」で頁数をまとめます。「→」はその後に書かれている項目を参照ください。◇印の項目は、用語が出てこなくてもテーマとして扱っていることを意味します(例えば「日本の絶滅種」を引けば201頁に絶滅種の具体名が多数掲載されています)。用語は異なるものの近いテーマを扱っているものについては「害獣/害鳥/害虫」などとまとめました。 生物は固有名ではなく「ホッキョクギツネ」を「キツネ」とするなど一般的な呼称でまとめています。国名・地名は基本掲載せず、大陸名・地域名を採用しました。環境問題は広い視点で考えなければいけないからです。

英語

CITES(ワシントン条約)——3, 70, 186
CITES(の)附属書II——3, 59, 67
DDT——52, 166
FAO(国連食糧農業機関)——10, 201
IPCC(気候変動に関する政府間パネル)——22
IUCN(国際自然保護連合)——3, 17, 67, 70, 76-77, 81, 84, 90, 92, 120, 129, 184
IUCNレッドリストカテゴリー——3
IWC(国際捕鯨委員会)——39
NASA(米航空宇宙局)——27, 46
NOAA(米海洋大気局)——15
PCB(ポリ塩化ビフェニル)——14, 52, 56, 166, 218, 220
PM2.5——197
UNEP(国連環境計画)——54, 65, 67, 70
WHO(世界保健機関)——76
WWF(世界自然保護基金)——3, 16, 174, 237

あ

アイベックス——169, 240
アオアズマヤドリ——115
亜寒帯——8, 58
アザラシ——21, 32, 45, 49, 50, 52, 54, 56, 109, 164, 226
アジア——10, 20, 54, 64, 68, 70, 75, 88, 98, 105, 140, 152, 162-163, 166, 168, 174, 183, 186, 188, 194, 246
アジアゾウ——70, 162, 171, 231
アシカ——109, 164, 226
亜熱帯——8-9, 180, 190
◇アフリカ——62-101(第5章), 105, 135, 144, 162-163, 168, 206, 242-243, 248
アフリカゾウ——70, 72
アホウドリ——125
アマゾン——133, 148-150, 152, 163
◇アメリカ(北米・南米・中米)——8, 11, 20, 36, 40, 54, 60, 64, 65, 67, 81, 105, 130-159(第7章), 163, 197, 204, 224, 229, 233
アメリカ(米)航空宇宙局→NASA

い

生きている化石(遺存種)——36
移住(者)/移民/入植——72, 82, 88, 94, 98, 105, 133, 158
遺伝子——27, 113, 167
イヌ/野良犬——66, 98, 100, 105, 106, 118, 120, 158, 183, 188
イルカ——16, 136, 220, 226
イグアナ——123, 158, 225

う

ヴォストーク基地——20
ウシ——56, 60, 87, 90, 94, 105, 126, 152, 162, 241
ウマ——229, 246
ウミガメ——17, 190, 226
海鳥——16, 28, 84, 125, 226
海の酸性化——28
埋め立て——138, 194, 213
羽毛——21, 88, 120, 125, 133
洞——11

え

エアコン——27, 208
永久凍土——8, 22, 25, 59
エスペランサ基地——20, 22, 30
餌付け——79, 206
エビ——16, 106, 180, 192
エボラ(出血)熱——76
エルニーニョ(現象)——144, 156
エレファント・バード(エピオルニス)——88

お

オオカミ——133, 200-201
オオシャコガイ——17
オーストラリア——10-11, 15, 28, 64, 104-106, 115-118, 129, 140, 144, 194, 239, 244-245
オキアミ——21, 28, 132
汚水(汚染排水)——15, 164, 194, 248
◇オセアニア——102-129(第6章)
汚染——16, 39, 45, 56, 77, 129, 140, 152, 166, 194, 197, 220, 248
汚染物質——45, 52, 54, 56, 138, 164, 197, 220
オゾン層/オゾンホール——27
オットセイ——32, 109
オニヒトデ——15, 16
オランウータン——178, 180
オリックス——241
温室効果ガス——22, 27, 46
温帯——8-9, 132, 135, 136
温暖化(地球温暖化)——11, 15, 16, 22, 25, 28, 30, 45, 46, 49, 58, 133, 144, 156, 163, 172, 208, 211

か

蚊——211
貝/貝殻——146, 218
害獣/害鳥/害虫——68, 72, 77, 79, 81, 82, 133, 135, 138, 183, 216
海水温/海面水温——15, 16, 144, 156
海草/海藻——16, 129, 239
海賊(船)——154, 158
開拓——82, 133
開発——56, 67, 77, 97, 120, 129, 142, 162, 166, 201, 213, 214, 235, 239
海氷——28, 46, 49
外来種——79, 81, 98, 100, 106, 118, 120, 123, 125, 144, 154, 158, 202, 224, 233, 236, 245
外来動物→外来種
カエル——140
カカオ——152
化学物質——192, 194
カグー(国鳥)——120
化石燃料→燃料
家畜/家禽——66, 68, 79, 87, 88, 90, 100, 117, 144, 158, 201, 240, 246
褐虫藻——15
カニ——106, 214
カメ——204-205
カモシカ——200
カモノハシ——106
カラス——58, 79
ガラパゴス(諸島)——123, 132, 154, 156, 158, 224, 226, 234, 236
ガラパゴスフィンチ(フィンチ)——223, 224
カワウソ——166, 200-201, 240
カンガルー——104, 116, 245
環境省/(日本)環境省レッドリスト——3, 58, 135, 183, 201, 204, 213, 216, 218
観光——17, 36, 79, 82, 142, 163, 174, 190, 206, 211, 223, 224, 229, 231, 236, 239
感染(症)——66, 76, 113, 140, 164, 169, 188, 192, 211
乾燥(化)——9, 20, 96, 110, 116-117, 184

乾燥地帯／乾燥林――87, 163, 237
寒帯――135
干ばつ――10, 106, 117, 172, 246

き

危機遺産(リスト)――223, 224, 236
気候変動――11, 22, 25, 59, 106, 109, 110, 126, 133, 135, 144, 184, 223
希少種――87, 184
寄生(虫)――106, 126, 140, 169, 186
キツネ――44-45, 58, 105, 106, 133, 201, 245
キツネザル――90, 94
共生――15, 17
共存――17, 82, 176, 237, 239
漁獲(量)――16-17, 106, 146
漁業――16-17, 21, 109, 146, 164, 194, 233, 239
漁場――16-17, 109, 125, 226
漁船→船
漁網(刺網／仕掛け網／底引き網／延縄／伏せ網／巻き網)――16, 106, 109, 125, 129, 166, 194, 226, 233
機雷――136
近親交配――167, 169
ギンネム――90

く

◇クアッガ・プロジェクト――242-243
駆除(殺処分)――68, 79, 133, 183, 202, 206, 216
クジラ――21, 28, 39, 40, 45, 132, 220
薬――11, 59, 65, 66, 75, 82, 113, 129, 180, 241
クマ――79, 132, 138, 183, 200
車――59, 144, 176, 197, 214
軍事基地(施設)――17, 21

け

毛皮／皮革――3, 32, 65, 68, 79, 81, 133, 166, 168, 241
原生植物――117
原生林(原生の森／古代林／極相林)――9-11, 36, 92, 94, 97, 100, 105, 115, 118, 126, 132-133, 149, 150, 163, 178, 200-201, 214, 224, 236

こ

公害――52
航空機→飛行機／飛行場
耕作地→農地
交雑――168, 169, 186
鉱山――77, 116, 120
高山地帯(高山植生／高山植物)――8, 58
工場／工業――11, 52, 54, 77, 163, 171, 194, 197
洪水――11, 106
交通事故――82, 142, 166, 214, 245
高度成長期――52, 201
広葉樹林――8-10, 168
枯渇――17, 110, 146
国際自然保護連合→IUCN
国際捕鯨委員会→IWC
国立公園／国立公園局――72, 75, 133, 141, 156, 158, 163, 169, 172, 178, 236, 240, 246-247
国連――56, 65, 235
国連環境計画→UNEP
国連食糧農業機関→FAO
コケ(類)――8, 10, 30, 44, 60
個体数――16, 58-59, 70, 84, 129, 133, 171, 216
ゴミ――35, 39, 79, 138, 172, 216, 218, 223-225, 229, 232
米――116, 176
コモドドラゴン――162, 184
固有種／固有(の)植物――67, 87, 90, 92, 100, 104, 110, 115, 123, 156, 216, 226, 236, 245
コヨーテ――133
ゴリラ――76
混獲――17, 106, 109, 129, 164, 166, 194
コンクリート――208, 232
混合林――8, 141
コンサベーション・インターナショナル(CI)――237
昆虫(類)――11, 186, 201, 208, 211
ゴンドワナ(大陸)――64, 105

さ

サイ――74-75
採取(採集)――10, 65, 67, 81, 86-87, 213
再導入――133, 167, 169, 240-241, 246
殺菌剤――52
サトウキビ(畑)――96, 98-99, 149
砂漠(荒原)――9, 65, 116-117, 144
砂漠化――65, 81, 184
サバナ(サバンナ)――9, 70
サハラ砂漠(地域)――65, 66, 68, 77, 79, 81
ザリガニ――110
サル――8, 79, 90, 163, 216
産業革命――11, 22, 135, 162
サンゴ(礁)――15-17, 129, 239
酸性雨――140
酸素――9, 11, 15, 133, 148, 163
残留性有機汚染物質――14, 52, 54, 218, 220

し

飼育／飼育員――3, 67, 136, 167, 174, 202, 240-241
飼育数――183
シカ――58, 105, 120, 133, 141, 201
紫外線――14, 27
ジカ熱――211
資源――56, 146, 162, 201, 235
自然遺産――223, 224, 226, 236
自生――208, 213
自然林――201, 233
持続可能――17, 92, 133, 176, 237
持続可能な開発――235
子孫――72, 104, 246
シダ植物――9, 201, 213
湿地(林)――77, 166, 180, 213, 214
児童労働――186
シナウスイロイルカ(ピンクイルカ)――163, 194
シファカ――92, 237
シマウマ――242-243, 246
ジャコウウシ――60
銃(器)／銃殺(射殺)――75, 82, 135, 242
重金属(類)――106, 166, 194, 218
住宅地(民家)――79, 82, 115, 117, 163, 201, 214, 216
ジュゴン――129
種子植物――8, 30, 201, 213
受粉――150
狩猟――21, 50, 59, 60, 68, 72, 75, 79, 88, 92, 94, 133, 138, 142, 163, 164, 168-169, 201, 240-241, 246
シュロ(ヤシ)――208
焼却(施設)――138, 229
植生――65, 120, 133
◇植物帯(14分類)――8-9
植物プランクトン――21, 28, 30
食物連鎖――16, 21, 220
植林(地)／植樹――8, 10-11, 105, 113, 141, 200-201, 236-237
除草剤――15
地雷――230-231
進化――64, 87, 94, 98, 104-105, 113, 140, 224, 242
人口(の)増加――65, 66, 68, 163, 224
人工島――17
人口爆発――11, 65
人工林――8, 10, 201, 229
侵入／侵入者――58, 105, 117, 140, 144, 158, 202, 216
ジンベエザメ――17
針葉樹／針葉樹林(タイガ)――8-10, 132, 141, 201
森林火災(火災)――10, 142, 201

森林破壊（森の破壊）――10, 16, 65, 118, 142, 163, 178, 184

す

水銀／水銀汚染――52, 54, 166, 194, 220
水産資源（魚資源）／水産物――17, 146
水質／水質汚染――11, 106, 110, 213
水田（田んぼ）――10, 52, 94, 96, 171, 176
スギ――8, 200-201
スノーアルジー（雪氷藻類）――30
スモッグ――54

せ

セイウチ――54
生息数――17, 25, 40, 67, 72, 79, 88, 92, 106, 109, 110, 118, 120, 133, 141, 142, 156, 166, 168, 174, 183, 184, 190, 206, 240, 244
生態系――10-11, 17, 21, 22, 79, 81, 87, 105, 117, 133, 146, 163, 164, 186, 192, 201, 233
生物資源量――133
生物多様性――3, 9, 105, 133, 141, 148
◇世界遺産――222-233（第10章）
世界保健機関→WHO
石炭――46, 162, 196-197
石油／石油開発――32, 46, 152, 163
絶滅――3, 11, 17, 28, 40, 65-68, 75, 81, 82, 84, 87, 88, 90, 92, 94, 98, 100, 105, 110, 113, 116, 118, 120, 123, 126, 133, 140, 150, 154, 158, 162-163, 167-169, 178, 180, 183, 184, 200-202, 206, 213, 240-242, 245, 246, 248
絶滅危惧IA類――3, 76
絶滅危惧IB類――3, 58, 84, 90, 92, 116, 120, 135, 174, 180, 190
絶滅危惧種――3, 17, 67, 77, 81, 84, 92, 105, 110, 113, 118, 129, 183, 184
絶滅種――3, 166
先住民（少数民族）――56, 59, 60, 105, 129, 133, 142, 232-233
戦争／紛争――136, 223, 231

そ

ゾウ――70, 72, 163, 171, 172, 176, 200, 230-231
ゾウガメ――100, 154, 158, 236
象牙――3, 70, 72
草原（プレーリー）――9, 67, 92, 163, 171, 245
祖先――64, 98, 105, 106, 116, 200, 246

た

ダイオキシン――52, 220
大気汚染――87, 197
大豆／大豆畑――133, 149
体内汚染――54, 77, 164, 194, 220
薪――10, 65, 81, 92, 162, 237
タスマニアデビル――113
タスマニアンパディメロン――245
棚氷――20
多肉植物――9, 87
ダム／ダム建設――77, 106, 166
淡水／淡水湖――3, 110, 164, 194, 233
炭素――25, 133, 163

ち

チーター――68
地衣類――8, 10, 30
地下資源――97
地下水――65, 87, 144, 233
チャールズ・ダーウィン研究所――236
チャクマヒヒ――82
チョウ――186, 208

つ

角――75, 81
釣糸／釣針――16, 59, 226
ツンドラ――8, 10, 25, 60, 141, 166

て

鉄道――10, 117
テングザル――180
デング熱――211, 229
伝染（病）――106, 113, 141, 168, 188, 201
伝統（医）薬→薬

と

導入――72, 169, 176
動物園――66, 77, 167, 202, 242, 246
道路――10, 16, 118, 133, 142, 163, 214
ドードー――98, 100
トカゲ――67, 123
トキ――248
毒（毒性）／毒殺――77, 82, 90, 135, 152, 194, 201, 218
都市（大都市）／都市化――10, 87, 105, 115, 163, 171, 176, 194, 208, 213
土砂崩れ／土砂流入――11, 16, 233
土壌（帯）――8, 11, 25, 39, 65, 94, 152, 192
トナカイ――45, 240
トビ――206
トラ――174

な

内戦――75, 167, 231
ナマケモノ――142
鉛――54, 218
◇南極（半島／大陸）――8, 10, 18-41（第3章）, 64, 105
南極海――28, 32, 39, 40, 220
南極条約（議定書／環境保護法）――21, 39
ナンキョクブナ――36

に

二酸化炭素――11, 25, 28, 46, 163, 180
ニッケル――120
◇日本――3, 8, 10, 14, 21, 39, 40, 45, 46, 52, 58, 65, 67, 70, 79, 97, 105, 110, 135, 138, 140, 146, 183, 186, 188, 198-221（第9章）, 232, 248
日本海――15
ニホンザル――58, 82, 216
◇日本の絶滅種――201
◇日本の野生植物――212-213

ぬ

沼――204, 248

ね

ネコ／野良猫――105, 106, 118, 120, 126, 168, 183
ネズミ――79, 98, 100, 105, 120, 158, 229
熱帯（地域）――8-10, 136, 180, 190
熱帯雨林――9, 15, 66, 68, 76, 105, 118, 133, 148-149, 163
燃料――11, 46, 65, 100, 162, 197

の

農業――16, 52, 106, 110, 133, 141, 183, 194, 233
農作物――77, 81, 138, 141
農地（農場／農園／農牧地）――10, 65, 68, 72, 77, 96, 98, 105, 118, 135, 138, 149, 152, 163, 171, 174, 184, 201, 237
農薬――52, 77, 135, 140, 164, 166, 194, 213

は

バーバリーシープ――81
パームオイル――163
煤煙――54, 196
バイオ燃料――163
排気ガス（排ガス）――52, 197
廃棄物（都市／産業）――39, 87, 138, 164
排水（生活／都市）――52, 77, 106, 194, 213, 248
バイソン――60, 133, 167, 240
パイプライン――97, 152
バオバブ――64, 94, 96
剝製――3, 59, 98, 242
ハス――204
畑――52, 79, 92, 94, 176, 216
ハチドリ――150
は虫類――3, 11, 90, 104, 106, 123, 201
白化（サンゴの白化）――15, 16
伐採――8, 10-11, 36, 65, 72, 88, 92, 105, 110, 126, 133, 163, 183, 200-201, 213, 233, 237

ハヤブサ――244
バリウム――218
ハリモグラ――106
パルプ工場／製紙工場――164
パン・アメリカン・ハイウェイ――144
繁殖――10-11, 25, 35, 44, 67, 77, 79, 84, 109, 115, 117, 125, 126, 132-133, 167, 174, 186, 226, 248

ひ

ヒートアイランド（現象）――208, 211
ヒクイドリ――118
飛行機／飛行場――17, 22, 59, 206
微生物――11
ヒ素――54
ヒツジ――60, 81, 87, 105, 126, 144, 169
ビニール（袋）――138, 216
ヒノキ――8, 201
皮膚がん――27, 113
氷河――20, 22, 58-59, 132
氷河遺存種――58
氷河期（寒冷期／間氷期）――22, 58, 105, 200
氷床――20, 59
漂着ゴミ→ゴミ
標本――186
肥料／化学肥料――16, 176
貧困――65

ふ

風力発電――135
富栄養化――106
フクロウ――59
ブタ――56, 98, 100, 105, 120, 158, 176
船――84, 158, 226
プラスチック／プラスチックゴミ――14-15, 115, 172, 218
プランテーション――97, 116, 118, 163, 178, 183
フロンガス――27
文明――10, 163, 171, 176

へ

米海洋大気局→NOAA
ペット――67, 77, 79, 82, 120, 142, 158, 183, 202, 204
ペリカン――226
ペンギン――20-21, 25, 27, 28, 30, 32, 35, 84, 126, 156
ペンギン油／ペンギン釜――32

ほ

防災効果（自然災害の軽減）――180, 192
放鳥――248
放牧――65, 87, 92, 94, 149, 184
ホオジロカンムリヅル（国鳥）――77
捕獲――17, 40, 67, 162, 201, 216, 220, 242
牧畜／牧場／牧草地――82, 126, 133, 239
捕鯨／捕鯨船（団）――39, 40, 154, 158
保護活動／保護活動家――190, 206
保護区／保護施設――17, 68, 74-76, 90, 97, 142, 174, 180, 226, 241, 248
保護動物――17, 79, 180
北極海――44-46, 50, 52
ホッキョクグマ――45, 49, 56
◇北極（圏）――8, 20, 42-61（第4章）, 164
ほ乳類――11, 60, 79, 104-106, 201

ま

マイクロプラスチック――14-15
マラリア（マラリア原虫／鳥マラリア）――126, 211
マンガン――54
マングローブ（林）――16, 180, 192
マンモス――25, 200

み

湖――164, 233
密輸――59, 70, 174
密漁――110
密猟――59, 65-68, 70, 75, 76, 82, 90, 118, 164, 166-167, 169, 171, 174, 180, 183, 194, 241
密林――9, 116, 118
水俣病――52, 220
南アフリカ沿岸鳥保護財団――84
南アフリカ博物館――242

め

メタン――25, 46

も

モウコノウマ――246
◇モーリシャスの絶滅種／絶滅危惧種――100-101
木材――10, 65, 162-163, 201
木材チップ――105, 110
木炭（炭／木質燃料）――10, 65, 92, 237
森再生プロジェクト――234, 236, 237

や

ヤギ――60, 87, 105, 142, 144, 154, 169
焼畑（農業）――142, 176
薬品／薬剤――138, 192
野生化――79, 81, 105, 117, 125, 154, 158, 202
野生種――81, 169, 178, 202, 240-241
野生個体――77
ヤドカリ――218
ヤマネコ――168, 240

ゆ

有害物質――14, 218
ユーカリ――105, 144, 229
◇ユーラシア（大陸）――52, 135, 141, 160-197（第8章）, 240
輸入材――201
ユネスコ（国連教育科学文化機関）――223, 224
ユネスコ世界遺産暫定リスト（暫定リスト）――232-233

よ

養殖／養殖池――140, 146, 166, 180, 192
ヨーロッパ――10, 54, 58, 68, 72, 82, 97, 98, 100, 105, 123, 133, 135, 140, 162-164, 166-169, 206, 240, 242

ら

ライオン――66, 163
ライチョウ――58
ラクダ――105, 117
落葉樹――8, 141
乱獲――17, 72, 79, 81, 84, 98, 100, 120, 125, 146, 166, 206

り

リス――202
流氷――45, 50
領土――17, 21
リョコウバト――133
林業――141, 240

れ

レスキューファミリー――244-245

ろ

ロバ――87, 246
ロンサム・ジョージ――154

わ

若木――86-87, 94, 113, 141
ワシ――79, 132, 135, 206
ワシントン条約→CITES

南アフリカ博物館にて、クアッガ・プロジェクトの責任者だったロウ氏と

藤原幸一　ふじわら・こういち

生物ジャーナリスト、写真家、作家。
秋田県生まれ。日本とオーストラリアの大学・大学院で生物学を学ぶ。ネイチャーズ・プラネット代表。ガラパゴス自然保護基金（GCFJ）代表、学習院女子大学で特別総合科目「環境問題」講師。現在は、野生生物の生態や環境問題に視点をおいて、世界中を訪れている。大学や専門学校、企業、NGO等で講演も行う。
日本テレビ『天才！志村どうぶつ園』監修や『動物惑星』ナビゲーター、『世界一受けたい授業』生物先生。NHK『視点論点』、『アーカイブス』、TBS『情熱大陸』、テレビ朝日『素敵な宇宙船地球号』などに出演。
環境写真展を北海道神宮、明治神宮、熱田神宮、出雲大社、金刀比羅宮、太宰府天満宮、九州国立博物館、早稲田大学、金谷美術館などで行う。
主な著書に『南極がこわれる』『ガラパゴスがこわれる』『マダガスカルがこわれる』『アマゾンがこわれる』『ペンギンの歩く街』（以上、ポプラ社）、『きせきのお花畑』『ぞうのなみだ ひとのなみだ』（以上、アリス館）、『こわれる森 ハチドリのねがい』（PHP研究所）、『PENGUINS』（講談社）、『ヒートアイランドの虫たち』（あかね書房）、『ちいさな鳥の地球たび』『ガラパゴスに木を植える』（以上、岩崎書店）、『森の顔さがし』（そうえん社）などがある。

藤原幸一　HP「NATURE's PLANET MUSEUM」
http://www.natures-planet.com

本書の出版にあたり、クワッガ・プロジェクトの
創始者ラインホルド・ロウ氏に、謹んで哀悼の意を表する。
This book is dedicated to the memory of Reinhold Rau whose professional commitment to his work at South African Museum has contributed greatly to my understanding of quagga extinction and Quagga Project in South Africa.

主な取材・撮影協力（敬称略）
Bird Life International ／ Charles Darwin Foundation ／ Colegio Nacional Galápagos ／ Conservation International Madagascar ／ Department of Wildlife Conservation, Sri Lanka ／ FANAMBY Madagascar ／ Forest Industry Organization, Thailand ／ Komodo National Park, Indonesia ／ Lizard Island Research Station, Australia ／ Madagascar National Parks ／ National Parks and Conservation Services, Mauritius ／ National Parks, Finland ／ Natural History Museum, Mauritius ／ New Zealand Department of Conservation ／ Parque Nacional GALÁPAGOS ／ Quagga Project Southafrica ／ Rapa Nui National Park, Chile ／ Seal Conservation Society ／ Sloth Sanctuary, Panama ／ South African National Parks ／ Southern African Foundation for the Conservation of Coastal Birds ／ Sri Lanka Police ／ Tsimbazaza Zoo, Madagascar ／ Volunteer Southern Cross Japan Association ／ Wildlife Conservation Society ／ WWF Japan ／ WWF Madagascar ／ Yudisthira - Bali Street Dog Foundation
国際NGOピースボート／東京都恩賜上野動物園

環境破壊図鑑　ぼくたちがつくる地球の未来

2016年11月16日　第1刷発行

著者（文・写真）――藤原幸一

発行者――長谷川 均
発行所――株式会社ポプラ社
〒160-8565 東京都新宿区大京町22-1
TEL（営業）03-3357-2212（編集）03-3357-2305
振替 00140-3-149271
一般書出版局ホームページ http://www.webasta.jp/

編集――天野潤平
デザイン――有山達也＋山本祐衣（アリヤマデザインストア）
編集協力――有井美如、峰脇英樹、向山加奈子、山口純子
PD――十文字義美（凸版印刷株式会社）
印刷――凸版印刷株式会社
製本――株式会社難波製本

© Koichi Fujiwara 2016　Printed in Japan
N.D.C.519/255P/26cm　ISBN978-4-591-15151-8

落丁・乱丁本は送料小社負担でお取り替えいたします。
小社製作部宛にご連絡ください。電話0120-666-553
受付時間は月～金曜日、9:00～17:00です（祝祭日は除きます）。

読者の皆様からのお便りをお待ちしております。頂いたお便りは出版局から著者にお渡しいたします。本書のコピー、スキャン、デジタル化等の無断複製は著作権法上での例外を除き禁じられています。本書を代行業者等の第三者に依頼してスキャンやデジタル化することは、たとえ個人や家庭内での利用であっても著作権法上認められておりません。